ORTRUD GRIEB

WER KANN MIT WEM IM BEET?

DIE BESTEN PARTNER — PFLEGELEICHT & ÖKOLOGISCH

KOSMOS

INHALT

MISCH-KULTUR BASICS

Was ist Mischkultur?

Mischkultur ist nicht mehr nur Sache von idealistischen Bio-Gärtnern. Inzwischen untersuchen Wissenschaftler in aller Welt gute und schlechte Nachbarschaften unserer Kulturpflanzen.

1

Wer einen Gemüse-Mischkulturgarten betritt, entdeckt ein buntes Durcheinander. Unter Tomatenpflanzen rankt Kapuzinerkresse zwischen die Petersilie. Blaue Stangenbohnen umwinden Maispflanzen, darunter leuchten Hokkaidokürbisse. Zwischen den Gurken duften Basilikum- und Dillblüten, darunter leuchtet Rote Bete. Über allem summen Bienen sowie Schwebfliegen und Schmetterlinge gaukeln über dem kleinen Paradies.

IN GEMEINSCHAFT WÄCHST ES SICH BESSER

Wir lassen verschiedene Pflanzenarten durcheinanderwachsen und beachten dabei gute und schlechte Nachbarschaften. Den Boden erhalten wir durch Flächenkompostierung fruchtbar. Gute Partnerschaften brachten in wissenschaftlichen Versuchen höhere Erträge und waren weniger von Krankheiten befallen. Obwohl auch Gärtner seit Jahrzehnten Gemüsemischkulturen in ihren Gärten beobachten, sind sie sich in ihren Beobachtungen nicht immer einig. Das ist kein Wunder, denn die Wissenschaftler haben herausgefunden, dass die gegenseitige Beeinflussung der Pflanzen stark von der Zusammensetzung des Bodenlebens abhängig ist. Auch der jeweilige Schädlings- und Krankheitsdruck spielt eine Rolle, wenn es darum geht, wie grün sich unser Gemüse ist.

DIE TRICKS DER PFLANZEN

In der Natur scheinen viele Pflanzenarten friedlich nebeneinander zu wachsen. Oft herrscht aber, für uns nicht wahrnehmbar, ein harter Konkurrenzkampf. Dabei behaupten die Pflanzen sich einerseits durch eine möglichst gute Positionierung ihrer Blätter im Sonnenlicht – das oberste Blatt gewinnt. Unter der Erde kämpfen die Wurzeln um Nährstoffe und Wasser. Ein weiterer Kampf läuft biochemisch ab. Biochemische Waffen werden über Blätter oder Wurzeln ausgeschieden und sind auch später im verrottenden Pflanzenmaterial vorhanden. Werden diese Stoffe vom Bodenlebe-

wesen verarbeitet, entstehen zum Teil hochgiftige Stoffe, die fremde Nachbarpflanzen schädigen. Manchmal gehen die Nachbarpflanzen sogar ein. Weizen sonderte in Versuchen Stoffe ab, die Salatsamen am Keimen hinderten und das Wurzelwachstum von Salat hemmten. Der Weizen hielt den Salat besser in Schach als chemische Herbizide. Reis stellte in Versuchen seine chemischen Waffen nur dann her, wenn Pflanzen mit fremder Genetik in der Nähe wuchsen. Durch die Waffenproduktion wuchs er zwar langsamer, wurde aber auch resistenter gegen Schädlinge und Krankheiten.

2

1. Mischkulturgärten muten durch ihre Vielfalt an Farben und Formen paradiesisch an.

2. Der aufrecht wachsende Palmkohl und die breit wuchernde Kapuzinerkresse sind ein Traumpaar – nicht nur optisch.

WACHSTUM DURCH LIEBE

In wissenschaftlichen Versuchen brachten Mais und Bohnen eng umschlungen mehr Ertrag als einzeln. Auch Erdbeeren mit Zwiebeln oder Sellerie mit Lauch waren echte Traumpaare.
Viele Pflanzen warnen sich gegenseitig mithilfe von Duftstoffen, so dass die Nachbarpflanzen chemisch aufrüsten können, bevor ein Schädling bei ihnen eintrudelt. Mit Duftstoffen werden auch Feinde der Schädlinge angelockt, Pilzsporen am Keimen gehindert oder der Geruchssinn von Schädlingen schachmatt gesetzt.
Seit die Mischkultur vor langer Zeit ersonnen wurde, streitet man über Einzelheiten. Darüber aber, dass sie in Notzeiten viel gesundes Gemüse liefert, herrscht Einigkeit.
Die Mayas entwickelten die wohl berühmteste Mischkultur der Welt, um die Fruchtbarkeit ihrer Böden zu erhalten. Die Indianer nennen sie „Drei Schwestern". Zwei der Schwestern, Mais und Bohnen, sollen bei uns demnächst die Probleme des intensiven Maisanbaus lösen.

Weltweit

In China, Indien und vielen Tropenländern nutzen Kleinbauern die Mischkultur schon lange. Wo viele Münder von wenig Land satt werden müssen, ist sie super, denn es gibt viele Hände für die Arbeit und der Ertrag ist hoch. Sobald Maschinen und Pflanzenschutzmittel zum Einsatz kommen, verschwinden die Mischkulturen. Inzwischen gibt es jedoch vor allem in China Versuche, Äcker in maschinenbreiten Streifen in Mischkultur zu bewirtschaften – mit gutem Erfolg.

Hier wachsen „die drei Schwestern" gemeinsam. Bei Mischkultur-Profis umarmen sie sich noch enger.

Disput der Gelehrten

In Europa diskutierte man bereits 300 v. Chr. über gute und schlechte Kräfte zwischen den Pflanzen. Einig war man sich nur bei der feindlichen Gesinnung der Walnuss gegen andere Gewächse. Inzwischen ist das Juglon bekannt, das unter Walnussbäumen Wachstum und Keimung vieler Pflanzen hemmt, vor allen Dingen in lebendigen Böden. Nachtschattengewächse leiden besonders, Osterglocken juckt es nicht.

Um 1800 herum begann man zu ahnen, dass die Ertragsrückgänge auf den Feldern von der Monokultur herrühren könnten, 1830 tauchte in England der Begriff Bodenmüdigkeit auf. 1937 ersann man den Begriff „Allelopathie" für die entdeckte chemische Wechselwirkung zwischen den Pflanzen.

Die blauhülsige Erbse nutzt den Mais als Kletterhilfe. Darunter hält der Kürbis den Boden schattig.

Hunger und kluge Frauen

Im Zweiten Weltkrieg bauten findige Frauen Gemüse in Mischkultur an, denn der Hunger war groß, die Familie sollte satt werden. Der Anbau musste arbeits- und kräftesparend sein. 1934 nahm Ruth Pfisterer an der Gartenbauschule in Hünibach (Schweiz) die Methode auf und unterrichtete sie. In Deutschland versorgte Gertrud Franck ab 1935 auf ihrem großen Hof Familie und Gesinde mit Gemüse. Dabei entwickelte sie ihre berühmte Reihenmischkultur, um den Landfrauen ein kraftsparendes, sicheres Anbausystem an die Hand zu geben. Zeitungsartikel, Vorträge und ihr Buch verhalfen der Mischkultur dann in den 80er-Jahren zum Durchbruch. Auch „Der Biogarten" von Marie-Luise Kreuter, damals das Standardwerk für Bio-Gärtner, verbreitete die Mischkultur, ebenso das 2003 erschienene Büchlein der Abtei Fulda über 50 Jahre Mischkulturerfahrung. Ich durfte 1983 die Mischkultur von Jacobus und Margarete Langerhorst in ihrem riesigen Gemüsegarten in Österreich erlernen. Jakobus brütete damals jeden Abend über seinen Gartenplänen und Notizen, um die Mischkultur zu optimieren. 1986 erschien dann sein Buch, 1996 das von Margarete. Ich bin den beiden sehr dankbar für ihren Input, denn er war äußerst segensreich für meine gut 40-jährige Selbstversorgung mit Gemüse.

Vorteile von Mischkultur

Ein Mischkulturgarten ist ein wunderschöner Anblick. Er bietet Lebensraum für viele Kleintiere. Außerdem gibt es immer irgendwo etwas zu ernten. Aber das ist noch längst nicht alles.

Im Jahr 2020 rechneten holländische und chinesische Wissenschaftler in einer Metastudie aus 500 Datensätzen heraus, dass im Mischkulturanbau im Schnitt ein Drittel weniger Dünger nötig war. Dabei lagen die Ernteerträge auf europäischen Äckern im Schnitt 16 %, in China sogar 30 % höher, als wenn nur eine Pflanzenart auf dem Acker wuchs. In vielen Versuchen handelte es sich um Mischungen aus Leguminosen und Getreide, die inzwischen prima erforscht sind. Aber auch in mitteleuropäischen Gemüsebeeten gibt es unübersehbare Vorteile.

FRUCHTBARER BODEN

Im Mischkulturanbau ist der Boden fast immer mit Pflanzen oder Mulch bedeckt. Wir lassen möglichst viele Unkräuter und Ernteabfälle auf dem Boden liegen, dann müssen wir auch nicht so viel Kompost fahren. Die Bodenbedeckung verhindert, dass der Boden wegweht, wegschwimmt oder verschlämmt. Außerdem fühlt sich das Bodenleben darunter pudelwohl, denn der Boden trocknet nicht so leicht aus, es herrschen angenehme Temperaturen, und es gibt immer etwas zu fressen. Das Bodenleben frisst den Mulch und macht daraus Humus und Nährstoffe für die Pflanzen. Vor allen Dingen lockert es den Boden und baut stabile, angenehm duftende Bodenkrümel, so dass unser Boden im Lauf der Zeit immer lockerer wird und beim Betreten leicht federt. Wir müssen nicht mehr umgraben, was uns viel Arbeit spart und die Bodenlebewesen freude-

Viele Regenwürmer machen den Boden locker und fruchtbar.

Solange der Boden durch Mulch oder Pflanzen bedeckt ist, fühlt sich das Bodenleben so richtig wohl.

strahlend noch besser arbeiten lässt, denn sie werden nicht mehr gestört. Sie werden noch aktiver, produzieren noch mehr Humus, so dass unser Boden besser Wasser hält und überflüssiges prima abläuft. Die Ausscheidungen des Bodenlebens bieten unserem Gemüse jede Menge Nährstoffe, so dass wir weniger Dünger brauchen. Egal ob Hitze, Dürre oder Starkregen, unser Boden bleibt stabil und puffert Klimaschwankungen ab. Vor allen Dingen lässt er sich leicht bearbeiten und bleibt dauerhaft fruchtbar. Wissenschaftler haben auch festgestellt, dass Schaderreger in Böden mit einem reichen Bodenleben nur schwer überleben.

OPTIMALE NÄHRSTOFFAUSNUTZUNG

Flachwurzler wie Radieschen durchwurzeln die obersten 20 cm des Bodens. Nährstoffe und Wasser aus 30 cm Tiefe werden vom Radieschen nicht genutzt. Bei einem Starkregen können daher die Nährstoffe aus dieser Tiefe nach unten gespült werden, die Nährstoffe sind für uns verloren und das Grundwasser wird verunreinigt.

Woran erkenne ich einen fruchtbaren Boden?

Er ist dunkel, locker, krümelig und duftet gut. Bei einem starken Regen bleiben die Krümel stabil und zerfließen nicht zu Matsch – es sei denn, ich zertrete sie. Wenn der Boden feucht ist und eine Temperatur von 10 bis 15 °C hat, finde ich viele Regenwürmer. Mein Gemüse wächst gut, außerdem fühlen sich Vogelmiere, Taubnessel, Persischer Ehrenpreis und vielleicht auch Franzosenkraut und Brennnessel recht wohl.

1

2

1. Wo gerade kein Gemüse wächst, säe ich Phacelia. Sie begeistert Bienen und Regenwürmer gleichermaßen und erfriert im Winter.

2. Die stickstoffsammelnden Leguminosen erkennt man an ihren Schmetterlingsblüten.

3. Flach- und Tiefwurzler, Stark- und Schwachzehrer wachsen miteinander und bedecken den Boden komplett.

4. Die Andenbeere findet nicht genug Stickstoff. Die unteren Blätter werden gelb.

In der Mischkultur planen wir zu einem Flachwurzler einen Tiefwurzler wie die Tomate. Sie holt Nährstoffe und Wasser aus der Tiefe (im Extremfall bis 2,10 m). Durch die Erntereste der Tomate kommen diese Nährstoffe wieder oben auf den Boden. Außerdem entstehen feine Wurzelkanäle nach unten, in denen andere Gemüsearten in die gleiche Richtung wachsen können. Viele Gemüsearten sind flexibel in ihrer Wurzeltiefe. Kopfsalat wurzelt normalerweise flach, wurde aber auch schon in 1,20 m Tiefe erwischt. Auch die Gurke wird in Tabellen manchmal als Flachwurzler, manchmal als Tiefwurzler genannt. Sobald die Pflanzen in Versuchen mit einem Partner gemeinsam wachsen, wurzeln sie anders. Gemeinsam durchwurzelt Gemüse den gesamten Boden viel intensiver als alleine. Außerdem haben die Gemüsearten unterschiedliche Ansprüche an die Nährstoffzusammensetzung des Bodens. Je vielfältiger die Bepflanzung, desto besser wird einseitiger Nährstoffentzug vermieden. Stark-, Mittel- und Schwachzehrer dürfen in der Mischkultur miteinander wachsen. Die Starkzehrer ziehen in der Regel so vehement Nährstoffe aus dem Boden, dass die Schwachzehrer kaum unter zu viel Futter leiden, trotzdem achtet man beim Düngen darauf, dass nur die Starkzehrer viel Dünger bekommen. Leguminosen wie Erbsen und Bohnen sind dafür bekannt, dass sie Phosphor, Kupfer und Zink aus dem Boden lösen, so dass auch andere Gemüsearten besser versorgt sind. Außerdem binden

3

4

Leguminosen mithilfe von stickstoffsammelnden Bakterien Stickstoff aus der Luft, so dass der Gärtner weniger Stickstoff düngen muss. Allerdings verbraucht die Leguminose diesen Stickstoff beim Wachsen zum größten Teil selber. Die Nachbarpflanze hat aber den Vorteil, dass sie fast den gesamten im Boden vorhandenen Stickstoff für sich verwenden kann. Die Gemüseart, die nach der Leguminose wächst, kann den Stickstoff aus der verrottenden Leguminose nutzen, es sei denn, wir haben Bohnen- oder Erbsensamen geerntet. Dann haben wir den meisten Stickstoff, den die Leguminose gesammelt hat, mit den Samen mitgeerntet.

Schwachzehrer: sehr genügsame Pflanzen. Auf guten Gemüseböden brauchen sie keinen Dünger. Beispiele sind Buschbohne, Dill, Feldsalat, Karotte, Petersilie, Radies, Rucola, Winterportula, Zuckererbse.

Mittelzehrer: brauchen etwas Power zum Wachsen. Beispiele sind Amarant, Asiasalate, Basilikum, Endivie, Gartenmelde, Gemüsemalve, Kopfsalat, Mairübe, Pak Choi, Pflücksalat, Romanasalat, Rote Bete, Schnittlauch, Sommerportulak, Spinat.

Starkzehrer: bilden sehr schnell viel Pflanzenmasse, futtern zügig und viel. Beispiele sind Andenbeere, Eissalat, Gurke, Kartoffel, Kohlrabi, Paprika, Tomate, Zucchini.

STICKSTOFF

Stickstoff sorgt für grüne Blätter. Einen Mangel erkennen wir daran, dass die unteren Blätter vorzeitig gelb werden. Wer schon einmal eine Tomate ohne Dünger in einem kleinen Topf gezogen hat, kennt den Anblick. Die Pflanze zieht den Stickstoff, wenn sie im Boden nicht genug findet, aus den älteren Blättern und baut ihn in die neuen Blätter ein. Die Pflanzen wachsen dabei langsam.

Einen Überschuss erkennen wir an sehr grünen, mastigen Blättern wie bei Pflanzen auf Misthäufen. Unser Gemüse wächst zwar super, wird aber leicht krank, weil das Gewebe zu weich ist – ein gefundenes Fressen für winzige Gemüsefans wie Pilze oder Läuse. Auch uns schmeckt zartes, überdüngtes Gemüse häufig gut, es kann aber zu viel Nitrat enthalten. Eine ausgewogene Düngung ist also wichtig.
Außer Stickstoff gibt es ca. 20 weitere Elemente, die die Pflanze in der richtigen Menge aufnehmen muss, damit sie gesund heranwächst. Im Kompost sind sie größtenteils vorhanden, denn er besteht ja aus Pflanzen.

OPTIMALE LICHTAUSBEUTE

Je besser der Boden mit grünen Blättern bedeckt ist, desto mehr Licht fangen die Pflanzen ein und desto mehr können wir ernten. In der Mischkultur streben wir eine lückenlose Bedeckung des Bodens an. Hoch wachsende Pflanzen stehen zwischen flach wachsenden Pflanzen. In die Lücken von frühreifenden Arten werden im Frühsommer späte Arten hineingepflanzt. Unter die späten Arten säen wir im August oder September die Wintergemüse, so dass wir mehrere Ernten im Jahr hintereinander haben. Zwischensaaten, Gründüngung und die Begrünung der Wege lassen kaum freien Boden aufblitzen, so dass auch kaum Unkraut wachsen kann. Nur im Frühling ziehen wir hier und da den Mulch vom Land, wenn der Boden sich für die ersten Aussaaten erwärmen soll.

GEGENSEITIGE FÖRDERUNG

Gute Nachbarn bringen gemeinsam mehr Ertrag als alleine. Dafür sind außer den oben genannten Gründen noch viele Dinge verantwortlich. Wurzelausscheidungen wie beispielsweise Saponine aus dem Spinat können den Nachbarpflanzen bei der Nährstoffaufnahme helfen. Starke Düfte verwirren so manchen Schädling, denn wenn über einem Beet ein Duftgemisch hängt, ist die eine richtige Pflanze schwerer zu finden. Will sich im Boden ein Schädling von einer Kohlwurzel zur nächsten graben, wird es frustig, wenn ein fetter Sellerie im Weg steht. Kräuter und Blumen ziehen mit ihren duftenden Blüten Insekten an. Darunter befinden sich häufig Schwebfliegen, Florfliegen und Marienkäfer. Wenn sie genug Pollen und Nektar finden, legen sie ihre Eier zwischen die Läuse im Gemüse, denn ihre Larven fressen extrem gern Läuse.

Yacons gedeihen besonders gut, wenn die Sommer lang und heiß sind – und sie schmecken prima.

Studentenblumen sind nicht nur als Nachbarn für Stangenbohnen und Tomaten eine gute Wahl, sie passen fast überall.

Spinat hilft seinen Nachbarn bei der Nährstoffaufnahme.

ERNTEVERSICHERUNG

Im Mischkulturgarten gibt es immer etwas zu ernten. Wird eine Kultur von Schnecken gefressen, wächst daneben etwas anderes weiter. Bei Trockenheit und Hitze versagen Blumenkohl und Feuerbohnen, Yacons und Tomaten fühlen sich dagegen umso wohler. Auch bei Hagel, Spätfrösten oder Sturm gibt es immer Gemüsearten, die sich prima erholen und unbeeindruckt weiterwachsen.

NACHHALTIGKEIT

Mischkulturgärtner produzieren viel Gemüse, Obst und Kräuter auf wenig Land. Dabei erhalten und fördern sie die Bodenfruchtbarkeit und schaffen Lebensräume für viele Insekten und Kleintiere. Es handelt sich immer um kleine Betriebe oder Hobbygärtner, die viel in Handarbeit investieren, denn riesige Maschinen und der großflächige Einsatz von Pflanzenschutzmitteln sind in der Mischkultur nicht möglich. So wird eine kleingliedrige, artenreiche Landschaft geschaffen, die nicht selten ein wenig paradiesisch anmutet und trotzdem Lebensmittel in großer Vielfalt hervorbringt.

TAGETES UND DIE NEMATODEN

In vielen Böden leben winzige Fadenwürmer, die an und in Gemüsewurzeln saugen – die Nematoden. Es gibt verschiedene Arten, die von bestimmten Pflanzenarten leben. Wenige dieser Würmchen bemerken wir nicht. Nehmen sie überhand, wächst unser Gemüse schlecht. Pratylenchus-Nematoden stürzen sich zum Beispiel gern auf Möhren und Sellerie, die dann vermehrt Seitenwurzeln bilden. Sie mögen aber auch Bohnen, Salate, Zwiebeln, Erbsen, Schwarzwurzeln, Mais, Kartoffeln, Senf, Phacelia und Erdbeeren. Fruchtwechsel hilft also kaum. Das beste Mittel gegen Pratylenchus-Nematoden sind Studentenblumen *(Tagetes patula)*, die deshalb so häufig in Mischkulturgärten auftauchen. Wenn die Tageteswurzeln mindestens 100 Tage lang richtig kräftig gewachsen sind, töten sie Pratylenchus-Nematoden. Andere Nematoden-Arten wie zum Beispiel die Rübenzystenälchen an Kohlarten, Roter Bete und Spinat sterben davon jedoch nicht. Ihnen vergeht das Lachen erst, wenn wir nematodenresistente Gelbsenfsorten als Gründüngung wählen.

Die Praxis

Grübeln bei der Planung, gemischte Reihen, gestaffelte Aussaaten… das macht Arbeit – aber leichte Arbeit. Schwere Arbeiten wie Umgraben und Kompostfahren werden mit der Zeit weniger.

Flächenkompostierung ist ein wichtiges Erfolgsgeheimnis der Mischkultur. Wenn wir mulchen, wird der Mulch vom Bodenleben gefressen und dient danach entweder als Dünger oder zum Humusaufbau. Humus ist unser schwarzes Gold. Er macht den Boden dunkel, locker und fruchtbar.

DÜNGUNG

Wenn eine Brennnesselecke in Gemüseland verwandelt wird, muss man nicht düngen, die Ecke enthält genug Humus und Nährstoffe. Wo der Boden hell und kaum krümelig ist, düngt man mit Kompost und abgelagertem Mist. Eine Startdüngung mit 20 l Kompost/m^2 ist an solchen Stellen sinnvoll. Die Angaben im Kasten gelten für „normale“ Böden. Kompost bringe ich im Frühling aus, harke ihn leicht ein und mulche dann sofort, damit das Bodenleben geschützt ist. Vor feinen Aussaaten bringe ich keinen Kompost aus, denn in meinem Kompost warten viele lebenstüchtige Samen auf ein Lichtsignal zum Keimen. Auf meinem inzwischen recht humosen Gemüseland bekommen Mittel- und Schwachzehrer ebenfalls keinen Kompost, Mulch reicht.

BEIKRAUT

Wo der Boden im Sommer gemulcht ist, keimt wenig. Einzelne Pflanzen zupfe ich aus dem lockeren Boden und lasse sie auf dem Mulch liegen – als Mulch. Das spart Kompostarbeit. Beikräuter lasse ich nicht auf dem Beet aussamen. Wenn ich im Frühling bei trockenem Wetter hacke, vertrocknet das Beikraut, bei Regen wächst es wieder an.

WASSER

Das Bodenwasser verdunstet aus dem Mulch kaum, denn der Mulch liegt als schützende Schicht über den wertvollen Bodenkrümeln samt seinen lichtscheuen und feuchtigkeitsliebenden Bewohnern. Deshalb muss ich in normalen Jahren nur frisch Gepflanztes gießen.

KOMPOSTMENGEN PRO JAHR

STARKZEHRER
9 l/m^2

MITTELZEHRER
5 l/m^2

SCHWACHZEHRER
3 l/m^2 oder nichts

KLEINES MULCH-ABC

WIE DICK DARF'S DENN SEIN?

Zwischen Aussaaten und Sämlingen ist Mulch noch fehl am Platz, denn die Amseln schieben ihn auf ihrer Regenwurmjagd zu gern hin und her und verwühlen dabei die Pflanzen. Nur einen Hauch kann man aufbringen, damit die Würmer nicht verhungern. Auch Zwiebeln, Salate und andere zarte Pflanzen mögen eher dünne Mulchschichten. Auf den Wegen und zwischen großen Pflanzen können wir 2 bis 3 cm hoch mulchen, stellenweise 5 cm dick. Der Mulch muss aber möglichst locker und luftdurchlässig bleiben.

RASENSCHNITT: BESTER DÜNGER

Lassen Sie ihn möglichst antrocknen, bevor Sie ihn mulchen – wegen der Schnecken. Sogar Rasenschnitt mit Samen eignet sich für größere Gemüsepflanzen oder Wege, wo man eventuell keimende Gräser und Kräuter schnell zupfen kann.

BEIKRAUT: LIEGEN LASSEN!

Wenn der Boden durch Humuszufuhr lockerer wird, werden die Unkräuter harmloser und lassen sich leichter ziehen und hacken. Bei sonnigem Wetter trocknen sie nach dem Jäten oder Hacken und ergeben einen wunderbaren Mulch.

Je zarter und grüner der Mulch, desto mehr Stickstoff enthält er. Er düngt gut. Brauner, harter Mulch zieht bei der Verrottung Stickstoff aus dem Boden. Das gibt im Sommer einen Konkurrenzkampf mit den Pflanzen. Mischen Sie deshalb braunen Mulch mit grünem, frischem.

ERNTERESTE: SUPERDÜNGER

Erntereste bleiben als Mulch liegen, solange sie keine schlimmen Krankheiten haben. Nur grobes Material, das bis zum nächsten Frühling nicht verrottet ist oder stört, kommt bei mir auf den Kompost.

LAUB: WARME DECKE

Wenn im Herbst überall Laub gerecht wird, greifen Sie zu. Leicht verrottende Laubarten eignen sich prima zum Abdecken der Beete. Damit die bunten Blätter nicht so leicht wegfliegen, beschweren Sie sie etwas mit nassem Rasenschnitt, Erdkrümeln oder Ähnlichem. Schwer zersetzbares Laub wie Walnuss und Eiche sollten nicht aufs Gemüsebeet.

TYPISCHE ARBEITEN IM FRÜHLING

Wenn ich mit den Arbeiten beginne, muss es so trocken sein, dass nichts matscht. Zuerst harke ich den Wintermulch zur Seite.

1. Ist der Boden abgetrocknet, hacke ich die Oberfläche 1 cm tief durch. Das bringt Unkrautsamen zum Keimen, die ich etwa 10 Tage später wieder abhacken kann, bevor ich z. B. die Möhren säe.

2. Dort, wo später Starkzehrer hinkommen, bringe ich nach dem Hacken 1 bis 2 cm hoch Kompost aus. Bis zur Pflanzung oder Saat ziehe ich wieder dick Mulch über das Beet.

3. An anderen Stellen säe ich nach dem Hacken breitwürfig eine Gründüngung und harke sie oberflächlich ein. Hier keimen auch viele Beikrautsämlinge, die ich später samt der Gründüngung abhacke.

4. Zum Gemüsesäen spanne ich eine Schnur und ziehe die Rille so tief wie die Aussaattiefe, damit die Samen auf festem Boden liegen. Die Samen decke ich mit krümeliger Erde ab.

5. Beim Pflanzen muss das Pflanzloch so tief sein, dass die Wurzeln bequem hineinpassen. Ich gieße gut an, damit etwas Erde an die Wurzeln gespült wird. Eventuell brauchen die Pflanzen noch eine Schattierung und Mulch.

TYPISCHE ARBEITEN IM HERBST

Wintergemüse mulche ich gerne mit Laub. Nicht ganz frosthartes Gemüse decke ich in harten Frostnächten ganz damit zu.

1. Wo abfrierende Gründüngung wächst, mache ich nichts.

2. Andere Beete räume ich auf, jäte, hacke und bringe grobe Erntereste auf den Kompost. Wenn der Boden sehr hart ist, lockere ich ihn mit der Grabgabel, indem ich einsteche und wackle, aber nicht wende.

3. Offen liegenden Boden decke ich mit Laub, Rasenschnitt oder Ähnlichem zu. Gut verrottende Erntereste bleiben auf der Reihe liegen, auf der sie gewachsen sind, damit die Fruchtfolge stimmt. Der Mulch sollte einigermaßen luftig liegen und zum großen Teil über den Winter verrotten.

MUSTERBEETE FÜR ANFÄNGER

10 bewährte Anfängerbeete im Jahreslauf

Auf den nächsten Seiten finden Sie 10 unterschiedliche Mischkultur-Beete. Wenn Sie einen Plan nach dem anderen verwirklichen, stimmt automatisch die Fruchtfolge.

Alle Beete sind 1,20 m breit und liegen in Nord-Süd-Richtung. Die Länge ist beliebig. Die Zeichnungen zeigen eine mögliche Planung über 10 Jahre hinweg, wenn man Fruchtfolge und die nachbarschaftlichen Vorlieben der Pflanzen berücksichtigt. Nach dem 10. Jahr beginnt die Folge von Neuem.

ANPASSEN UND ROTIEREN LASSEN

Falls Sie 10 Beete haben, oder 5 halbe, können Sie die Pläne einfach rotieren lassen. Eventuell gibt es Gemüsearten, die Sie nicht so gerne mögen. Diese können sie problemlos durch ähnliche Gemüsearten aus derselben Pflanzenfamilie ersetzen, die den gleichen Platzbedarf und etwa dieselbe Wachstumszeit haben. In kühlem Klima wachsen die Pflanzen z. B. langsamer, und Aussaaten im März sind noch nicht möglich. Mithilfe der Tabellen (Seite 43, 63, 88–91) und etwas Erfahrung im Gemüseanbau können Sie die Pläne haargenau auf Ihre Bedürfnisse zuschneiden. Sobald Ihr Plan optimal zu Ihnen passt, lassen Sie die Beete einfach nur noch rotieren.

ARBEITSSPARENDE PFLEGETIPPS

– Ich markiere die Ecken meiner Beete mit dicken Holzpflöcken, damit ich nicht jedes Jahr wieder messen muss. Zur Rasenkante hin halte ich zusätzlich 10 cm Boden frei, damit ein Rad des Rasenmähers auf dem Boden fahren kann. Die Rasenkanten schneide ich mit dem senkrecht gestellten Faden des Freischneiders und ziehe danach einmal mit der Hacke durch.

Ein Schneckenzaun schützt sehr gut vor Schnecken, wenn man die Schleimer im Inneren erst einmal alle erwischt hat.

– Die Wege zwischen den Beeten sind immer mit Rasenschnitt oder Laub bedeckt, freier Boden auch, so kann kaum Beikraut keimen.

– Fertig gesäte oder gepflanzte Gemüsereihen markiere ich vorne und hinten mit dünnen Stöcken und spanne zum Säen einen Strick (siehe auch Seite 18), denn schnurgerade Reihen sind leichter zu hacken – und man erkennt schneller das Unkraut, weil es gerne aus der Reihe „tanzt". Außerdem schreibe ich alle Aussaaten mit Sorte und Datum in meinen Beetplan, damit ich auch nach Wochen und Jahren noch weiß, was ich wo gesät habe.

– Gegen die Schnecken habe ich einen Schneckenzaun um ein Drittel meiner Gemüsebeete angelegt, der im Anbauplan mitrotiert. In den restlichen zwei Dritteln finden die Schleimer kaum etwas Leckeres.

– Mit dem Beikraut bin ich recht streng, hacke oder jäte es auf jeden Fall vor der Samenbildung und lasse es dann bei trockenem Wetter zwischen den Gemüsereihen liegen – für meine Freunde, die hungrigen Regenwürmer. Wenn sich gewisse Pflanzen einmal aussamen können, hat man in den Jahren darauf jede Menge Jätarbeit, das gilt auch für manche Gemüseart. Kompost bringe ich nur dort auf, wo es danach lustig keimen darf. Zwischen Kohlköpfen, Sellerie, Lauch oder Zucchinis ist das kein Problem, denn man kann die vielen Sämlinge einfach hacken. Bringt man dagegen Kompost vor einer Möhrenaussaat aus, hängt man hinterher stundenlang auf der Suche nach den Möhrenkeimlingen über dem kleinen grünen Dschungel.

BRENNNESSEL-JAUCHE

Ich befülle einen großen Plastikeimer zu zwei Dritteln mit Brennnesseln, Wasser und etwas Kompost und stelle ihn warm. 2 bis 3 Wochen lang rühre ich täglich um und verwende die klare Jauche dann 1:10 verdünnt für die Starkzehrer.

KNOLLENSELLERIE-LAUCH-BROKKOLI-BEET

PFLANZEN IM BEET

Knollensellerie
Lauch
Brokkoli

Bis Mitte Mai bleibt dieses Beet unter seiner Mulchdecke. Hier kann ich auch den Mulch hinwerfen, der ab März auf den Nachbarbeeten stört.

WAS MACHE ICH WANN?

März/April Wenn es trocken genug ist, ziehe ich den Mulch kurz zur Seite, bringe etwa 2 cm hoch Kompost auf und ziehe den Mulch wieder übers Beet, damit die Lebewesen im Kompost geschützt sind.

Mitte Mai In dieser Zeit markiere ich die Sellerie-Reihe 20 cm vom oberen Rand, die Brokkoli-Reihe 25 cm vom unteren Rand und die Lauch-Reihe 35 cm von der Sellerie-Reihe entfernt. Den Sellerie pflanze ich mit 40 cm Abstand in der Reihe, den Lauch mit 20 cm und den Brokkoli mit 50 cm Abstand. Zum Pflanzen öffne ich die Mulchdecke nur an der Pflanzstelle und ziehe den Mulch danach wieder dicht um die Pflanzen, aber so, dass alle Blätter Licht bekommen. Jetzt noch vorsichtig angießen.

Juli bis Mitte August Da alle Pflanzen dieses Beetes Starkzehrer sind, dünge ich über den Sommer ein- oder zweimal mit Brennnesseljauche (siehe Seite 23). Auch über schnell verrottenden Mulch aus Beinwell- oder

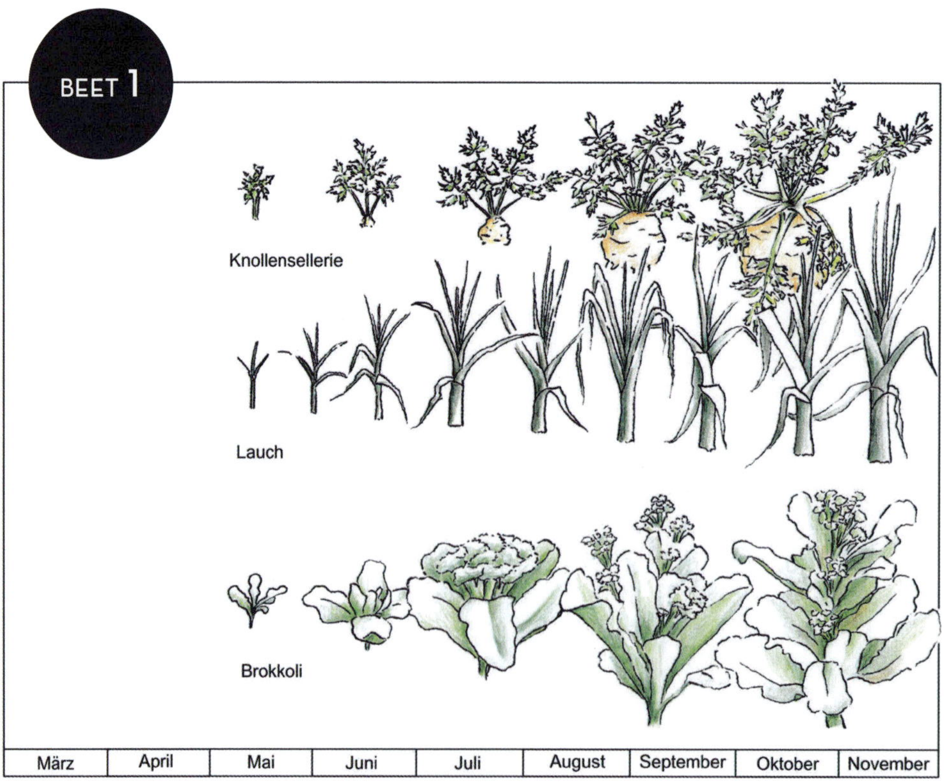

1

2

1. Wenn man schonend mit scharfem Messer erntet, bildet die alte Brokkolisorte 'Calabrese' bis zum ersten starken Frost immer wieder neue Nebenrosen.

2. Sellerie, Lauch und Kohl wachsen gut zusammen.

Brennnesselblättern freuen sich die Pflanzen. Die Brokkolirosen ernte ich den ganzen Sommer über, bevor die Knospen auseinanderstreben. Wenn sie gelb werden, schmecken sie nicht mehr so gut.

Oktober Erste leichte Nachtfröste übersteht der Sellerie unter einer Laubabdeckung. Beim Lauch richtet sich der Erntezeitpunkt nach der Frosthärte der Sorte, Winterlauch ernte ich den ganzen Winter über. Die nachwachsenden Brokkolisorten ernte ich, bis sie erfrieren, sie vertragen je nach Sorte einige Minusgrade. Im Oktober/November mulche ich das Beet dick mit Laub.

GUTE PARTNER

In der Schweiz gab es in wissenschaftlichen Versuchen beim gemeinsamen Anbau von Lauch und Sellerie Mehrerträge. Auch in meinem Garten gehören die zwei einfach immer zusammen. Der Sellerie vergrault außerdem Kohlweißlinge, der Kohl hält den Sellerierost und Lauchschädlinge in Schach, und der Lauch vertreibt die Eulenraupen vom Kohl.

Knollensellerie Man pflanzt ihn hoch, damit die Knollen sich oberhalb der Erde bilden, denn wo sie unter die Erde wachsen, bilden sich störende Seitenwurzeln. Der Sellerie braucht viel Wasser. Die Blätter kann man übrigens nach der Ernte trocknen, zu Pulver mixen und ins Kräutersalz mischen.

Lauch Beim Pflanzen schneide ich die Wurzeln möglichst wenig zurück, sie sollten aber ausgestreckt ins Pflanzloch passen. Lauch pflanze ich tief, damit er lange weiße Schäfte bildet. Ich ziehe eine Rinne und pflanze mit dem Unkrautstecher tief hinein, die Blätter müssen aber alle herausschauen. Die Rinne schütte ich später beim Jäten zu und häufele ein wenig an.

Nachwachsender Brokkoli
Alte Brokkolisorten bilden nach der ersten Rose in den Blattachseln immer wieder kleine Rosen. Besonders im Herbst gibt es noch erstaunliche Ernten. Manche moderne Profisorte bildet anfangs eine enorme Riesenrose, danach wächst kaum etwas nach, so dass es sich nicht lohnt, die Pflanzen stehen zu lassen.

SALAT-BOHNEN-KOHL-BEET

PFLANZEN IM BEET

Asiasalate
Bohnenkraut
Buschbohne
Feldsalat
Grünkohl
Kohlrabi
Lauch
Pflücksalat
Radieschen
Rosenkohl
Schnittsalat
Spinat
Winterportulak

Drei Ernten vom Land? Probieren wir's! Ende März ernte ich den letzten Lauch und ziehe die Mulchdecke vom Beet, damit der Boden trocken und warm werden kann.

WAS MACHE ICH WANN?

April Anfang April säe ich den Asiasalat und den Spinat jeweils 10 cm entfernt vom Rand, 25 cm weiter innen säe ich die Salat-Reihen. In der Pflücksalat-Reihe lasse ich Lücken und säe Radieschen mit hinein. Wer will, kann dasselbe beim Schnittsalat machen. Die frühen Kohlrabis pflanze ich Mitte April in der Mitte des Beetes mit 50 cm Pflanzabstand.
Mai Bis Ende Mai ernte ich regelmäßig kleine zarte Blätter für bunte Salate – Spinat, Schnittsalat, Pflücksalate und Asiasalate wachsen nach, wenn man sie über dem Herz schneidet. Ab Mitte Mai säe ich die Bohnen-Reihe 20 cm vom Rand entfernt zwischen die Salate. Ab und zu lasse ich etwas Platz in der Bohnen-Reihe und säe Bohnenkraut dazwischen. Sobald die Bohnen keimen, müssen Spinat, Salate und Asiasalate ausreichend Platz machen und später ganz weichen. Ich mulche leicht mit Rasenschnitt.
Juni Anfang Juni pflanze ich Grünkohl und Rosenkohl mit 50 cm Abstand und etwa 1 Liter Kompost pro Pflanze in die Lücken zwischen die Kohlrabis. Diese werden allmählich erntereif. Jetzt kann die mittlere Reihe ordentlich Mulch vertragen, im Juli/August auch Pflanzenjauchen. Statt Kohl würde auch Mangold zwischen die Kohlrabis passen, dann aber ohne Dünger. Die Bohnen mulche ich vorsichtig.
September Nach der Bohnenernte säe ich Winterportulak und Feldsalat für die Winterernte breitwürfig oder in Reihen. Die mittlere Kohl-Reihe bleibt gut gemulcht stehen.
Winter An frostfreien Tagen ernte ich Grünkohl, Rosenkohl, Feldsalat und Winterportulak.

Asiasalate: bunt und lecker zu fast jeder Jahreszeit

GUTE PARTNER

Salat hält den Kreuzblütlern wie Radies, Asiasalat und Kohlrabi die lästigen Kohlerdflöhe vom Leib. Die Salat-Reihen schützen die Bohnenkeimlinge anfangs vor kaltem Wind, das Bohnenkraut vergrault die Schwarze Bohnenlaus und gibt den Bohnen ein wunderbares Aroma – wenn man ein paar Zweiglein mitkocht.

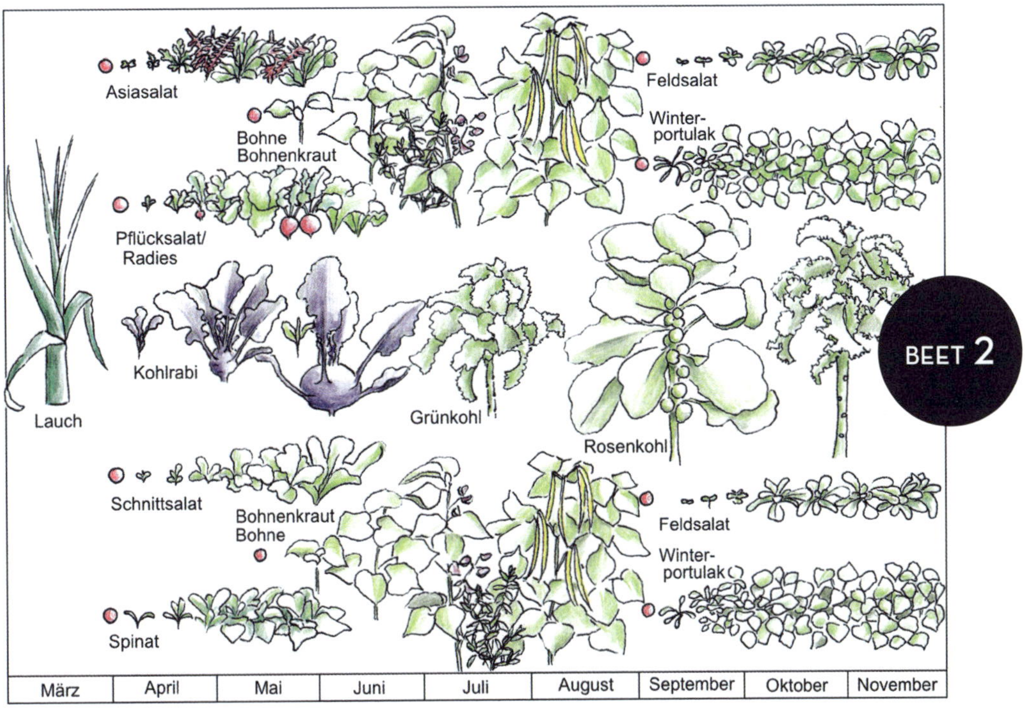

Asiasalate Es gibt sie in bunten Mischungen mit roten, gelben und grünen, wild gezackten oder glatten Blättern. Geschmacklich reicht das Spektrum von ultrascharf bis kohlig. Man erntet und verwertet die Blätter wie Schnittsalat. Ich baue am liebsten die schnellwüchsige und milde Sorte Mizuna an. Die Frühlings- und Herbstaussaaten schmecken prima. Herbstaussaaten kann man in milden Wintern sehr lange ernten.

Buschbohne Wer gerne Bohnen, aber nicht so gerne Kohl isst, kann in diesem Beet Stangenbohnen setzen und den Rosen- und Grünkohl weglassen, denn Stangenbohnen tragen reichlicher. Die robuste Buschbohnensorte 'Maxi' trägt bei mir aber auch super. Wenn ich etwa zwischen jeden fünften Horst einen Büschel Bohnenkraut säe, gibt es kaum Läuse. Das klappt bei den Stangenbohnen nicht, denn sie werden zu hoch.

Bohnenkraut Wo ich es säe, markiere ich die Stelle mit einem Stock, damit ich die kleinen Sämlinge nicht weghacke.

Grünkohl, Rosenkohl Wählen Sie beim Jungpflanzenkauf frostfeste, späte Sorten, wenn Sie den ganzen Winter ernten möchten. Beim Grünkohl liebe ich die hohe 'Ostfriesische Palme', die ich selber anziehe. Vielleicht gefällt Ihnen auch ein roter Grünkohl. Beim späten Rosenkohl bilden sich die Röschen spät. Man erntet zunächst unten und arbeitet sich im Laufe des Winters höher.

Radieschen Drei Dinge sind wichtig: die richtige Sortenwahl für die Jahreszeit, gleichmäßiges Gießen und Schutz vor Kohlerdflöhen. Letzteres übernimmt der Schnittsalat.

Das zartblättrige Bohnenkraut hält den Buschbohnen die Läuse vom Leib.

TOMATEN-KOHL-BEET

PFLANZEN IM BEET

Basilikum
Feldsalat
Knoblauch
Kohlarten (Weißkohl, Spitzkohl, Rotkohl, Wirsing)
Kopfsalat
Petersilie
Ringelblume
Rosenkohl
Tagetes
Tomate
Winterportulak

Stabtomaten ausgeizen: Man bricht die kleinen Seitentriebe in den Blattachseln bei trockenem Wetter mit der Hand heraus.

Bis Ende April ernte ich. Anfang Mai hacke ich bei trockenem Boden alle Winterkulturen um. Außer den Kohlstrünken bleibt das meiste als Mulch auf dem Beet.

WAS MACHE ICH WANN?

Mitte Mai Ich markiere die Tomaten-Reihe 35 cm vom Rand, die Kohl-Reihe 30 cm vom Rand und die Salat-Reihe mitten dazwischen. Die verschiedenen, späten Kohlsorten pflanze ich je nach Sorte mit 40 bis 50 cm Abstand und einem Liter Kompost pro Pflanze. Die Kopfsalate pflanze ich mit 30 cm Abstand. Die Stabtomaten kommen mit 60 cm Abstand an ihre Stäbe und bekommen 2 Liter Kompost pro Pflanze. Vor die Tomaten an den Beetrand dürfen hier und da einzelne Pflanzen Basilikum (30 cm Abstand), Knoblauch (10 cm Abstand), Petersilie (20 cm Abstand), Ringelblume (20 cm Abstand) und niedrige Tagetes (25 cm Abstand). Nun noch angießen und mulchen – fertig.

Juli Juhu, die ersten Tomaten werden reif! Ich binde die Tomatenpflanzen regelmäßig an und geize die Seitentriebe aus. Sobald der Salat geerntet ist, breiten Kohl und Tomaten sich so richtig aus. Brennnesseljauche und nährstoffreicher Mulch tun ihnen jetzt gut.

Oktober Sobald der Kohl platzt, ist er reif und muss schnell geerntet werden. Die meisten Kohlsorten vertragen leichte Fröste, in einzelnen Frostnächten kann man sie mit Laub abdecken. Wirsing ist besonders hart im Nehmen. Die Tomaten ernte ich vor dem ersten Frost alle ab, die grünen Früchte reifen bei 20 °C im Haus prima nach, nur die ganz kleinen nicht.

Winter Kohlstrünke und Tomatenstängel kommen auf den Kompost. Danach erhält das Beet seine schützende Laubdecke. Ich beschwere das Laub mit Rasenschnitt oder Erdkrümeln, damit es nicht gleich wieder wegfliegt.

GUTE PARTNER

Tomaten wehren Kohlschädlinge ab und falls das nicht reicht, rümpfen Kohlweißlinge auch die Nase, wenn man etwas Eberraute zum Kohl steckt. Ringelblumen mindern die Dürrfleckenkrankheit der Tomate. Diese wuchsen in wissenschaftlichen Versuchen gemeinsam mit Basilikum, Knoblauch, Kohl, Kopfsalat und Ringelblume besonders gut. Alle zusammen brachten höhere Erträge als einzeln.

Kohlarten Hier pflanze ich späte Sorten von Weißkohl, Spitzkohl, Rotkohl oder Wirsing. Bei der Pflanzung berücksichtige ich den unterschiedlichen Platzbedarf der Sorten, der ein wenig Erfahrungssache ist. Der Spitzkohl, der laut Literatur weniger Platz braucht, beansprucht bei mir am meisten Platz. Rotkohl und Wirsing kann ich dagegen etwas enger setzen.

Tomate Im Freiland pflanze ich freilandtaugliche, gegen Krautfäule tolerante Sorten wie die Cocktailtomate 'Primabella', die gelbfrüchtige 'Sunviva' oder die Salattomate 'Rondobella'. Die nächsten Kartoffeln sollen weit entfernt stehen, denn von ihnen fliegen die Krautfäule-Sporen auf die Tomaten. Dort keimen sie bei regnerischem Wetter aus und befallen die Tomatenblätter. Dank Klimawandel und robuster Sorten ist der Tomatenanbau im Freiland bei uns wieder einen Versuch wert.

Basilikum Pflanzen Sie eine freilandtaugliche Basilikumsorte. „Normale" Basilikumpflanzen aus dem Supermarkt eignen sich nicht. Bei mir wächst das Wilde Basilikum am besten.

Ringelblume Unverwüstlich und dankbar ist sie, außerdem kann man leicht Samen und Blumensträuße ernten. Die Blütenblätter ernte ich für Tees und Salben.

Kopfsalat Grüne Labberköppe aus dem Supermarkt? Nee, für Hobbygärtner gibt's Besseres (Seite 60, 68). Die eigene Jungpflanzenanzucht ist einfach und dauert 4 Wochen.

Tagetes töten Pratylenchus-Nematoden (Seite 15), die sich auch in Tomatenwurzeln bohren.

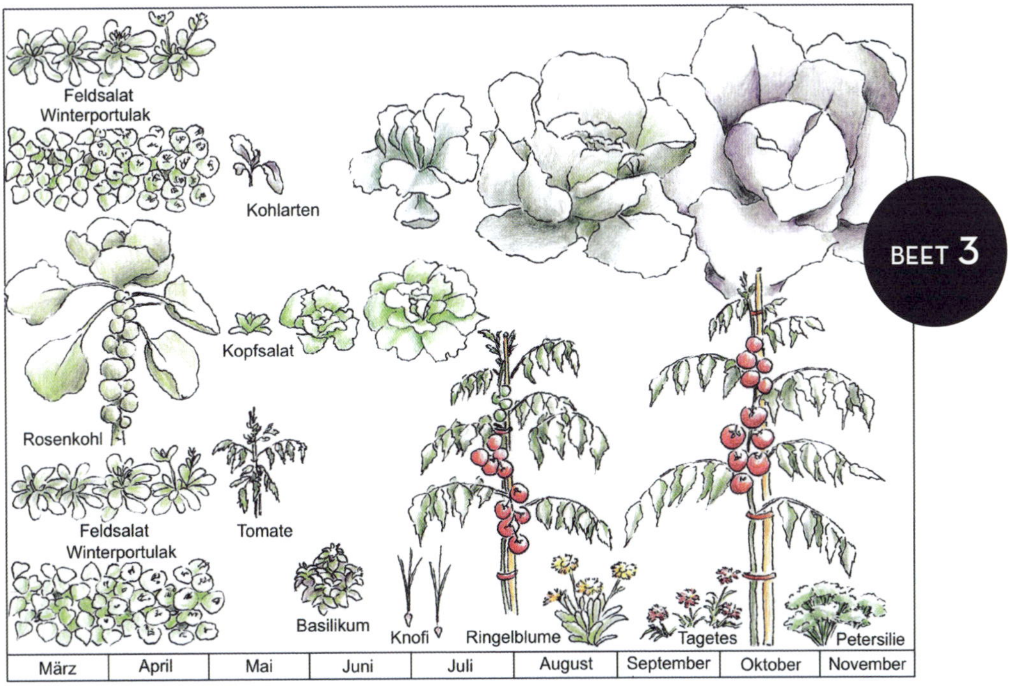

GURKE-ROTE BETE-ZWIEBEL-BEET

PFLANZEN IM BEET

Abessinischer Kohl
Basilikum
Endivie
Gurke
Pflücksalat
Rote Bete
Rucola
Spinat
Zwiebel

Rote Bete, Gurke mit Basilikum sowie Salat mit Weinbergslauch

Wachsen die Gurken gut, wird dieses Beet schnell zum dichten Dschungel. Werden sie nichts, säe ich nach oder ersetze die Gurken im Juli durch Knollenfenchel.

WAS MACHE ICH WANN?

April Anfang April ziehe ich das Laub vom Beet und markiere die Zwiebel-Reihe und die Rote Bete-Reihe jeweils 15 cm vom Rand, die Gurken-Reihe in der Mitte und die Pflücksalat-Reihen dazwischen. Ich pflanze verschiedene Sorten Pflücksalat mit 30 cm Abstand. Mitte April stecke ich die Zwiebeln im Abstand von 4 cm. Das obere Drittel der Zwiebel schaut noch heraus. Ende April hacke ich flach durch und säe die Rote Bete.

Mitte Mai Bei den Gurken säe ich jeweils 3 Samen im Abstand von 30 cm und markiere jede Pflanzstelle mit einem kleinen Stöckchen. Jede fünfte Pflanzstelle bepflanze ich statt mit Gurken mit einer Basilikumpflanze. Um die Gurkenpflanzstellen herum streue ich jeweils etwa 1,5 Liter Kompost. Die Gurken wuchern bei mir am Boden. Wenn Sie Lust auf Gerüstbau haben, können Sie ihnen auch ein Gerüst bauen. Nun kann das Beet etwas Mulch vertragen, nur die Zwiebeln nicht.

August Von Juli bis Mitte August freuen sich die Gurken über Pflanzenjauchen. Nach der Zwiebelernte bepflanze ich die Zwiebel-Reihe bis Mitte August mit Winterendivien im Abstand von 40 cm, falls die Gurken es zulassen.

September Jetzt brechen die Gurken unterm Mehltau zusammen. Ich räume sie ab und säe Spinat, Abessinischen Kohl und Rucola in mehreren Reihen aus (je nach Geschmack und Bedarf), auch Feldsalat ist möglich.

Oktober Die Rote Bete ernte ich vor dem ersten starken Frost. Die Salate ernte ich, bis sie bei starken Frösten erfrieren. Winterspinat hält bis zum Frühling durch.

GUTE PARTNER

Gurke und Salat mögen sich, der Salat schützt die empfindlichen Gurkenkeimlinge vor Wind und wird geerntet, wenn die Gurkenranken das Beet erobern. Basilikum beugt Gurkenmehltau sowie Weißer Fliege vor und lockt Insekten an, so dass die Gurken besser tragen. Zwiebel und Gurke brachten in

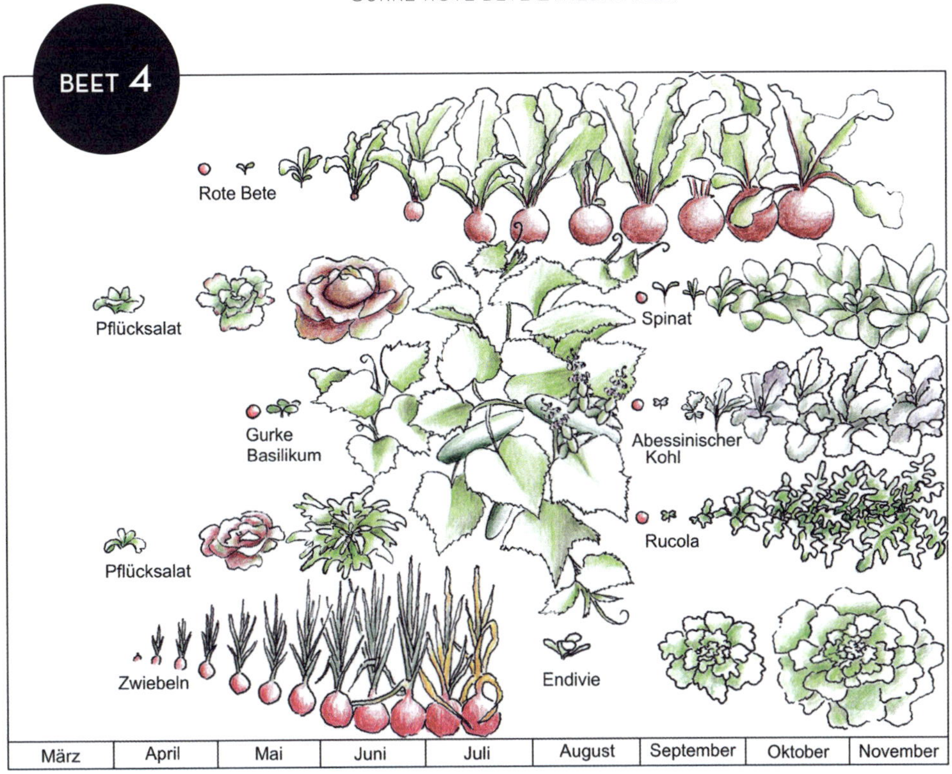

Versuchen gemeinsam Mehrerträge, Rucola mit Endivie ebenfalls.

Rote Bete Hier wächst sie den ganzen Sommer lang. Wer Knäuelsaatgut gesät hat – es enthält mehrere Samen pro Samenknäuel –, muss über Sommer ausdünnen. Ernten Sie beim Ausdünnen doch einmal Babyrüben in Tischtennisballgröße. Sie sind besonders zart und lecker. Auf Seite 78 werden alle Rote Bete als „Baby Beets" geerntet.

Gurke Wenn Sie oft Pech hatten, versuchen Sie's mal mit der Sorte 'Tanja', sie hat mich wieder mit dem Gurkenanbau ausgesöhnt. Gurken gedeihen am besten, wenn man sie an Ort und Stelle aussät und nicht am Fenster vorzieht. Sie mögen es warm und gemütlich, kalten Wind und kaltes Gießwasser hassen sie. Der Boden soll locker, humusreich und immer gleichmäßig feucht sein – ein Fall für eine schöne Mulchschicht.

Zwiebel Achten Sie beim Kauf von Steckzwiebeln darauf, dass sie höchstens 1,5 cm Durchmesser haben. Größere Steckzwiebeln schießen im Sommer leicht. Zwiebeln brauchen übrigens – obwohl sie Steppenpflanzen sind – während ihres Wachstums ausreichend Wasser. Erst, wenn sie abreifen, soll es trocken sein.

Abessinischer Kohl Ich säe diese schnell wachsende Kohlart nur im Herbst aus, dann blüht sie nicht, sondern liefert jede Menge zarte Blätter für Salate. Ich ernte sie mit 6 bis 8 cm Länge. Sie schmecken zart kohlig-nussig und sind, gemischt mit anderen Salatblättern, sogar lecker für Kohlmuffel.

Nach dem Stecken soll das spitze Ende der Zwiebel noch gut zu sehen sein.

MÖHRE-ZUCKERERBSEN-BEET

PFLANZEN IM BEET

Dill
Gemüsemalve
Kresse
Möhre
Radieschen
Winterportulak
Zuckererbse

Möhren keimen sehr langsam und gehen leicht im keimenden Beikraut unter. Deshalb bereite ich die Möhrenaussaat, wenn möglich, durch zweimaliges Hacken vor.

WAS MACHE ICH WANN?

März Sobald der Boden abgetrocknet ist, ziehe ich Mulch und Erntereste auf die Wege und hacke den Boden 1 cm tief durch – Beikrautsamen werden durchs Hacken zum Keimen angeregt. Wenn ich früh dran bin, säe ich neben den Möhren-Reihen noch breitwürfig Senf.

April Anfang April säe ich die Zuckererbsen in die Mitte und stecke alle 15 cm Zweige senkrecht dazu – als Rankgerüst. Um den 10. April herum hacke ich bei trockenem, sonnigem Wetter die Möhren-Reihen samt Umgebung wieder 1 cm tief durch, so dass Unkraut- und Senfsämlinge danach vertrocknen. Mitte April säe ich die Möhren-Reihen 20 cm vom Rand entfernt, dabei kommt etwa alle 20 cm ein Radies als Markiersaat dazwischen, damit ich schon vor der Keimung der Möhrensamen hacken kann. Etwa alle 12 cm kommt ein Dillsamen zwischen die Möhren, und am Schluss streue ich etwas Rainfarn- oder Wurmfarnpulver (siehe Seite 73) über die Möh-

BEET 5

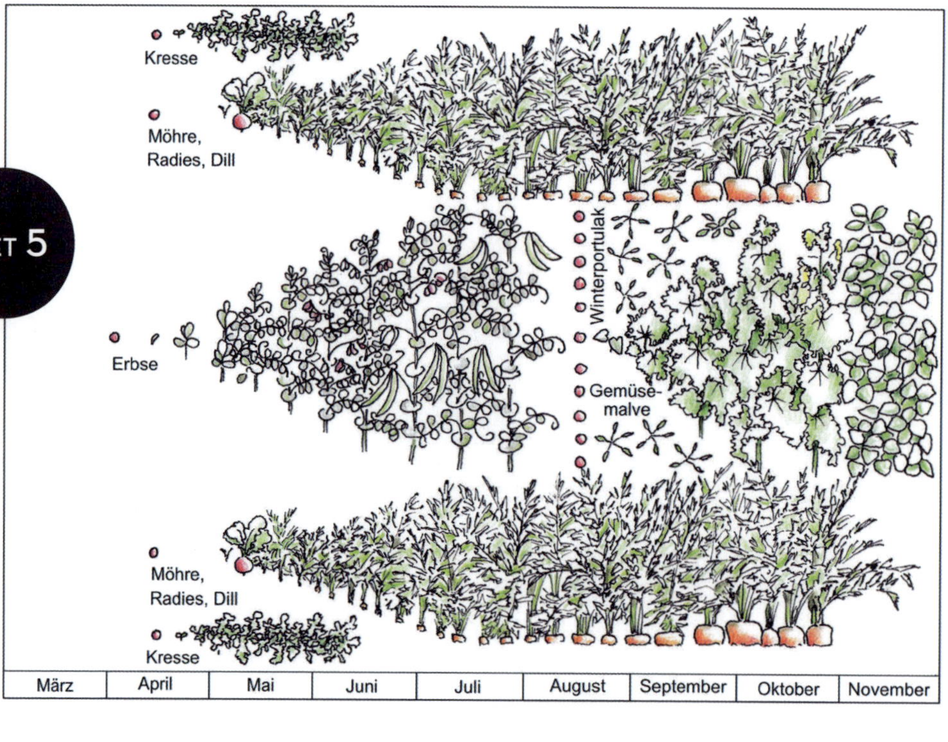

rensamen. Ganz außen, 5 cm vom Rand entfernt, säe ich jeweils eine Reihe Gartenkresse.
Mai Manche Erbsen brauchen Kletterunterricht, aber sie begreifen schnell. Die Radies- und Dillblätter ernte ich in die Salatschüssel, sobald die Möhren den Platz brauchen. Auch die Gartenkresse darf die Möhren nie bedrängen, hier und da darf sie aber blühen, damit ich Samen ernten kann.
August Sobald die Erbsen geerntet sind, kann in die Mitte des Beetes eine Reihe Gemüsemalve, drumherum säe ich breitflächig Winterportulak. Auch die Aussaat von Überwinterungsspinat ist an dieser Stelle möglich, warten Sie damit aber bis September.

GUTE PARTNER

Dill fördert die Keimung der Möhren und beschattet die zarten Sämlinge. Erbsen sammeln Stickstoff aus der Luft und lockern den Boden, was später den Möhren und Nachfolgekulturen zugutekommt. Neben den Möhren wachsen die Erbsen besser. Rainfarn und Wurmfarn halten Insekten fern, dürfen aber nur als Pulver ins Beet. Der Geruch der Gartenkresse irritiert die Möhrenfliege.
Möhre Hier wächst die späte Lagersorte 'Rothild'. Ich ernte sie Anfang November, wenn der Keller kalt genug für die Lagerung ist. Auf Seite 68 ist eine frühe Möhrensorte schon im Juli erntereif. Die Rüben der frühen Sorten bleiben kleiner, sind aber im Hochsommer eine leckere Knabberei.
Dill Er ist in der Mischkultur sehr beliebt, in manch altem Gemüsegarten will er aber nicht wachsen, weil Bodenpilze die Sämlinge hinwegraffen. Fruchtwechsel ist beim Dill extrem wichtig, nur nicht mit Doldenblütlern.
Zuckererbse Hier wächst eine 60 bis 80 cm hohe Sorte, bei der die Schoten während 2 bis 3 Wochen reif werden. Niedrigere Sorten reifen schneller. Höhere Sorten tragen länger und brauchen ein besseres Gerüst. Man erntet die Schoten normalerweise, wenn die Samen gut sichtbar werden. Ich lasse sie lieber länger hängen und pule die süßen Kerne heraus.
Winterportulak Der kleine Geselle keimt bei Temperaturen unter 12 °C, deshalb braucht man im Spätsommer Geduld, bis die ersten Sämlinge erscheinen. Dann wächst er aber rasch und füllt den ganzen Winter über meine Salatschüsseln. Vor allen Dingen sät er sich gern selber aus. Bei mir keimt er fast überall, lässt sich aber leicht hacken, wo er stört.
Gartenkresse Fürs Butterbrot erntet man, bevor die Blütenstängel treiben. Einige Pflanzen lasse ich Samen bilden, damit ich über Winter frische Kresse ziehen kann.

1

2

1. Zuckererbsen brauchen Kletterhilfen und Kletterunterrricht

2. Mit Radieschen als Markiersaat erkennt man die Möhren-Reihen schon, bevor die Möhren nach 3 Wochen endlich keimen, und kann früher hacken.

ZUCCHINI-ZUCKERMAIS-BEET

PFLANZEN IM BEET

Basilikum
Gelbsenf
Stangenbohne
Sommerportulak
Spinat
Winterportulak
Zucchini
Zuckermais

In der Mitte wächst noch der Winterportulak vom letzten Jahr, dem ich bis Ende April immer wieder die Blätter abrasiere und damit unsere Wintersalate aufpeppe.

WAS MACHE ICH WANN?

März An den ersten lockenden Frühlingstagen säe ich 15 cm vom Rand entfernt die Spinat-Reihen.
April Ab Mitte April ziehe ich 3 Zucchinis am Wohnzimmerfenster an, dabei lege ich pro 12er-Topf 2 bis 3 Samen und lasse alle Sämlinge wachsen. Wenn der Winterportulak dicht steht, hacke ich ihn spätestens Ende April ab, damit er anrotten kann – der Wurzelfilz, den er hinterlässt, ist extrem stabil. Einzelne Pflanzen lasse ich wachsen und sogar aussamen, auch auf die Gefahr hin, dass ich später überall kleine Sämlinge aus den Erdbeeren pulen muss. Da unsere Familie nur 3 Zucchinipflanzen braucht, baue ich im Norden des Beetes Stangenbohnen an (nicht gezeichnet), stelle im April das Gerüst dafür auf, pflanze Kohlrabis und säe Spinat und Salat zwischen die Stangen.
Mai Ab dem 9. Mai kommt der Zuckermais in die Mitte des Beetes. Ich lege Tuffs (jeweils 3 Samen mit 20 cm Abstand im Dreieck). Die Tuffs haben einen Abstand von 90 cm. Ab und zu lasse ich eine Saatstelle frei, die ich Mitte Mai mit Basilikum bepflanze. Mitte Mai pflanze ich auch die Zucchinis in der Mitte des Beetes mit 90 cm Abstand zwischen die Maissämlinge. Mais und Zucchinis bekommen 2 Liter Kompost und großflächig Mulch um jede Pflanzstelle. Am Rand des Beetes auf Maishöhe säe ich jeweils etwas Sommerportulak.
September Wenn ich das Beet Ende September räume, ist noch Zeit für eine Senfsaat, es sei denn, die Feuerbohnenranken liegen zu dick.

Zuckermais und Zucchini ergänzen sich wunderbar.

GUTE PARTNER

Der Zuckermais gibt den Zucchinis leichten Wind- und Sonnenschutz, die Zucchinis halten den Boden für den Mais kühl und schattig. In Versuchen brachten Mais und Zucchini beim gemeinsamen Wachstum Mehrerträge. Basilikum zögert den Mehltaubefall der Zucchinis hinaus und sorgt für gute Befruchtung. Mais und Stangenbohnen sind ein Traumpaar, das Sie im Beet 1 auf Seite 66

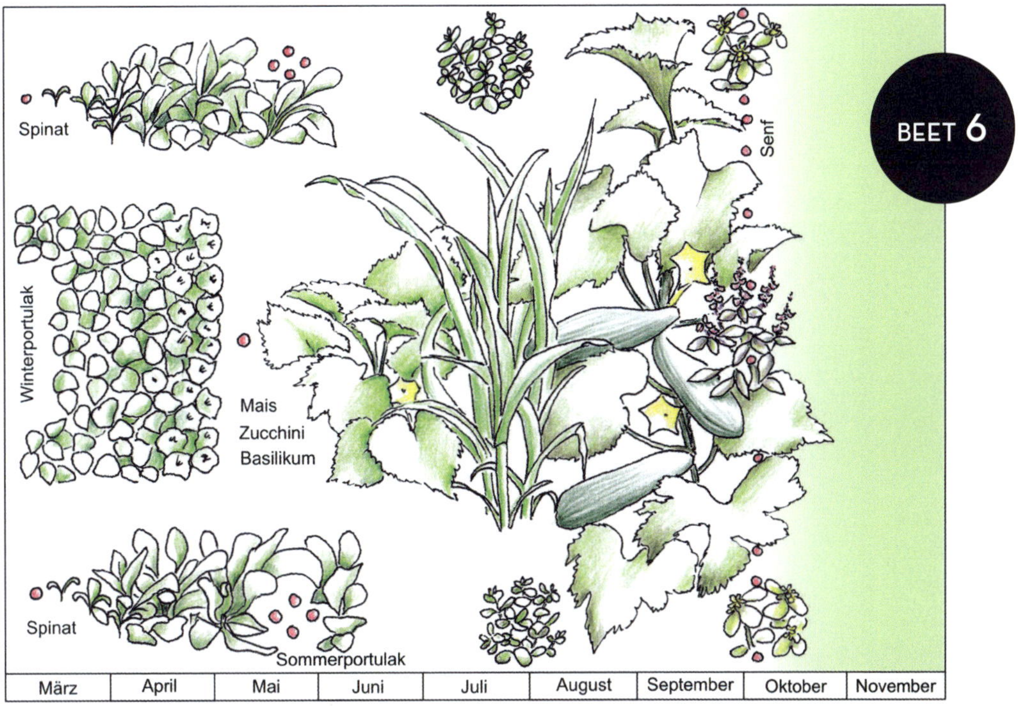

eng umschlungen finden und im Norden dieses Beetes auch ausprobieren können.

Spinat Über den Sommer baue ich keinen Spinat an, er schosst zu schnell. Für die Frühlings- und Herbstsaaten samt Überwinterung baue ich die Sorte 'Matador' an. Probieren Sie aber ruhig auch andere Sorten, denn die Sorteneignung hängt stark von Standort und Klima ab.

Zucchini Bei der Sortenwahl lande ich immer wieder bei den frühen, grünfrüchtigen Sorten, denn sie tragen am schnellsten. Die Sorte 'Zuboda' widersteht bei mir im Herbst dem Mehltau recht gut. Die Jungpflanzenanzucht ist sehr einfach, ein sonniges Südfenster reicht. Nach der Abhärtung und Pflanzung schattiere ich noch mit beblätterten Zweigen, denn die jungen Zucchiniblätter sind sehr empfindlich. Häufiges Sprühen hilft den Pflanzen beim Einwurzeln.

Zuckermais Die Körner enthalten mehr Zucker als die der Futtermaiskolben vom nächsten Acker, der eigene Anbau lohnt also. Kreuzt sich aber während der Windbestäubung Futtermaispollen mit ein, sind die wachsenden Körner nicht mehr so zuckerig, wie eigentlich geplant. Auch bei der Lagerung wird der Zucker schnell in Stärke umgewandelt, so dass man die Kolben am besten sofort nach der Ernte genießt.

Sommerportulak Das kleine trockenresistente Salatkraut wächst wie Unkraut und sät sich selber aus. Am besten schmecken die ganz jungen Blätter. Grüne Sorten wachsen am besten.

KARTOFFEL-PUFFBOHNE-ERDBEER-BEET

PFLANZEN IM BEET

Basilikum
Dicke Bohne
Dill
Endivie
Erdbeere
Feldsalat
Senf
Kartoffel
Koriander
Phacelia

Phacelia schützt die Dicken Bohnen recht wirkungsvoll vor den Bohnenläusen.

Wer keine Erdbeeren braucht, kann hier die Fruchtfolge abkürzen, im Sommer eine Gründüngung einsäen und danach wieder mit dem ersten Beet loslegen.

WAS MACHE ICH WANN?

März Sobald das Land etwas abgetrocknet ist, ziehe ich den Mulch für die Bohnen-Reihe auseinander und versenke die Dicken Bohnen 25 cm entfernt vom Rand im Boden. Die Kartoffel-Reihe bekommt 2 cm dick Kompost unter den Mulch. Gegen Ende März lege ich mittelgroße Kartoffeln zum Vorkeimen bei 12 bis 15 °C in eine flache Kiste an ein helles, aber nicht sonniges Fenster.

April Jetzt säe ich etwas Phacelia und Dill mit zu den Dicken Bohnen. Sie sollen die Dicken Bohnen leicht umspielen, ihnen aber nicht den Platz streitig machen. Ab Ende April lege ich die vorgekeimten Kartoffeln 35 cm entfernt vom Rand im Abstand von 30 cm etwa 5 cm tief in den Boden und häufele zunächst nicht an.

Mai Bei drohendem Frost hacke ich etwas Erde über die Kartoffelblätter. Wenn die Kartoffelpflanzen 15 cm hoch sind, häufele ich sie an, indem ich die Erde von beiden Seiten an die Kartoffelpflanzen ziehe. Das wiederhole ich später noch einmal. Danach stopfe ich hier und da einige Korianderkörner in die Kartoffeldämme. Zu den Dicken Bohnen kann ich ab Mitte Mai noch etwas Basilikum pflanzen.

Mitte August Dicke Bohnen und Kartoffeln sind geerntet. Jetzt pflanze ich die Erdbeeren jeweils 25 cm entfernt vom Rand im Abstand von 30 cm. Zwischen die Erdbeerpflanzen kommt jeweils ein etwa suppentellergroßer Fleck mit Senfsamen, den ich wieder abhacke, wenn er 10 cm hoch ist. Den Feldsalat säe ich jeweils 10 und 40 cm entfernt vom Rand. In der Mitte des Beetes pflanze ich die Winterendivien im Abstand von 40 cm.

GUTE PARTNER

Dicke Bohnen sammeln ihren Stickstoff selber, so dass den Kartoffeln viel Stickstoff zur Verfügung steht. Phacelia, Dill und Basilikum hielten Dicken Bohnen in wissenschaftlichen Versuchen ziemlich gut die Läuse vom Leib. Koriander soll das Kartoffelaroma verbessern. Probieren Sie es einfach aus, auf jeden Fall sieht es schön aus. Senf, Feldsalat und Endivien schützen den Boden, bremsen kalte Winde ab und schaffen ein geschütztes Klima, in dem die jungen Erdbeerpflanzen gut anwachsen können.

Kartoffel Die Sorten sind unterschiedlich anfällig gegen Schädlinge und Krankheiten. Man sieht das prima, wenn mehrere Sorten nebeneinander wachsen. Die Suche nach der optimalen Lieblingssorte lohnt sich. Da Kartoffeln sich leicht Viren einfangen, kann man sie nicht jahrelang nachbauen. Alle paar Jahre sollte man sie alle aufessen und neue, gesunde Saatkartoffeln kaufen.

Feldsalat Der Feldsalat ist mit keiner anderen Gemüseart verwandt und passt so im Herbst häufig als Bodenbegrüner in die Fruchtfolge. Ich säe ihn oft schon Mitte August breitwürfig unter große Pflanzen wie Tomaten und Stangenbohnen, bevor diese abgeräumt werden. Wenn ich frostharte Sorten von Mitte August bis September säe, kann ich den ganzen Winter über bis April ernten. Im Frühling lasse ich einige Pflanzen stehen, damit sie sich aussamen.
Dicke Bohne Sie ist eine dicksamige Verwandte der Ackerbohne und liebt feuchtes, kühles Klima. Bei Wärme und Trockenheit werden Läuse zum Problem. Teile der manchmal riesigen Läuseherden zerdrücke ich mit den Fingern und ignoriere dabei die wütenden Ameisen. Ich ernte die Bohnen noch unreif, pule sie aus und koche sie. Man kann sie auch reif ernten, muss sie dann aber durch Einweichen und langes Kochen wieder essbar machen.

Beim Anhäufeln der Kartoffeln, an sonnigen Tagen, bekommt das Beikraut kräftig einen auf den Deckel.

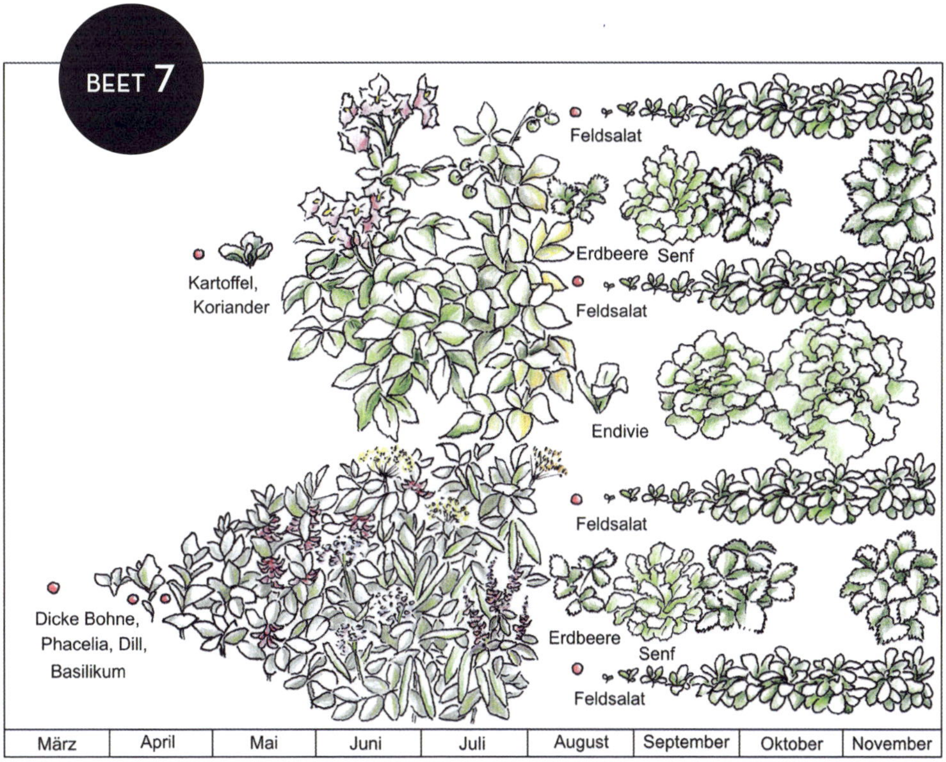

ERDBEER-KNOBLAUCH-TAGETES-BEET

PFLANZEN IM BEET

Erdbeere
Knoblauch
Tagetes
Zwiebel
Schneckenschreck-Mischung: Ringelblume, Kerbel, Koriander, Kamille

Schnecken-Alarm? Säen Sie eine Mischung aus Ringelblume, Kerbel, Koriander und Kamille in die mittlere Reihe – das mögen die Schleimer nicht.

WAS MACHE ICH WANN?

März Ich ernte die äußeren Feldsalat-Reihen (von Beet 7), damit ich jeweils 8 cm entfernt vom Rand eine Reihe Knoblauchzehen (Rocambole) stecken kann, 4 cm tief mit einem Abstand von 20 cm.

April Jeweils zwischen 2 Erdbeerpflanzen stecke ich eine Steckzwiebel, so dass sie noch zu einem Drittel aus dem Boden schaut. Bei Schneckengefahr säe ich in der Mitte meine bewährte Schneckenschreck-Mischung: Ringelblume, Kerbel, Koriander, Kamille.

Mai Falls kaum Nacktschnecken unterwegs sind, pflanze ich Mitte Mai Tagetes in die mittlere Reihe. Ich wähle eine kleine, 20 cm hohe Sorte mit ungefüllten Blüten, damit Schmetterlinge und Bienen angelockt werden und halte sie so im Zaum, dass sie die Erdbeeren bei ihrem Wachstum nicht behindern. Schleimen viele Nacktschnecken herum, keimen in der mittleren Reihe bereits die Schneckenschreck-Pflanzen, die ich auch so im Zaum halte, dass sie die Erdbeeren nie behindern. Nun ist auch

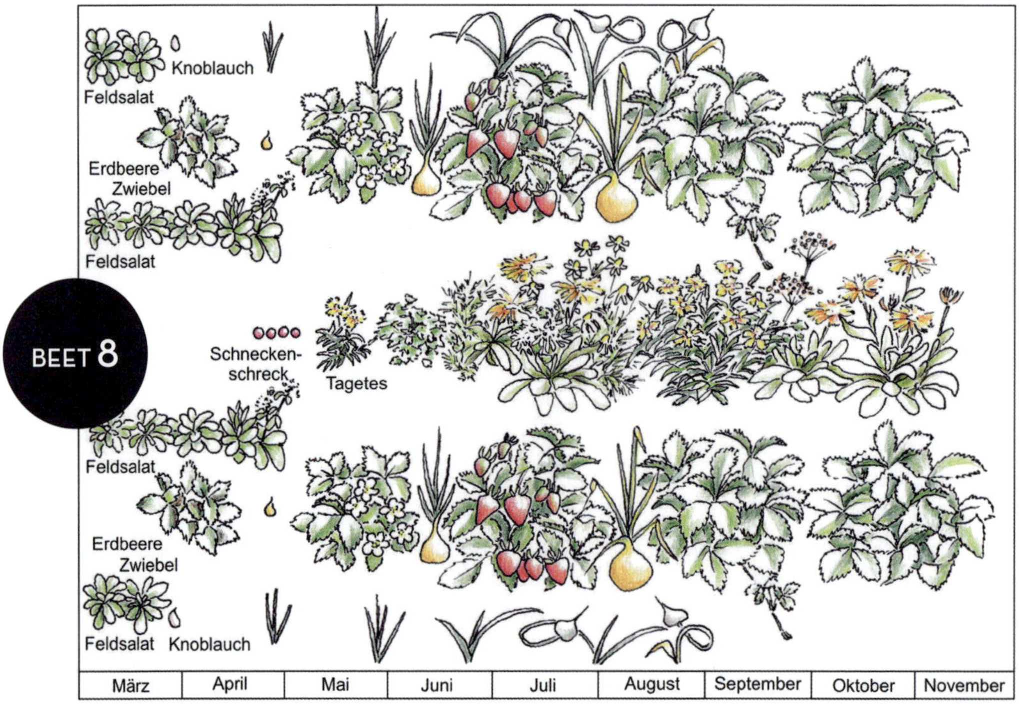

1

2

1. Der Rocambole-Knoblauch hält den Grauschimmel der Erdbeeren etwas in Schach. Wer die kleinen Brutknollen steckt, erntet erst im übernächsten Jahr wieder richtige Knoblauchzehen.

2. Grauschimmel rafft bei feuchter Witterung die saftigen Erdbeerfrüchte dahin.

Zeit zum Mulchen, denn Erdbeeren lieben Mulch und Häcksel. Knoblauch und Zwiebel mögen das nicht besonders, also achte ich beim Mulchen darauf, dass ich zumindest die Knoblauch-Reihe nicht so dick mulche. Während der Blütezeit der Erdbeeren mulche ich mit Stroh, damit die Früchte später trocken liegen. Auch feiner Heckenschnitt eignet sich, solange er nicht von der giftigen Eibe oder Thuja stammt.

August Ich entferne überflüssige Ausläufer der Erdbeeren und lege andere so hin, dass sie die Lücken zwischen den Erdbeerpflanzen in der Reihe schließen. Außerdem ernte ich Knoblauch und Zwiebeln, dünge mit Kompost und mulche.

GUTE PARTNER

Zwiebelgewächse wie Knoblauch, Zwiebeln, Lauch, Schnittlauch oder Schnittknoblauch vermindern den Befall der Erdbeerfrüchte mit Grauschimmel. Beim gemeinsamen Wachstum brachten Zwiebelgewächse und Erdbeeren in wissenschaftlichen Versuchen mehr Ertrag als alleine. Knoblauch kann die Erdbeeren vor der Erdbeermilbe schützen. Tagetes töten schädliche Pratylenchus-Nematoden im Boden.

Erdbeere Ich wähle Sorten aus dem Profi-Bioanbau (z. B. die sehr frühe Sorte 'Elvira' oder die späte Sorte 'Polka'). Sie sind robust und tragen gut. Mit mehreren Sorten klappt die Bestäubung besser. Gegen Pilzkrankheiten ist ein luftiger Stand wichtig. Nach der Ernte schneide ich kranke Blätter ab, lasse sie trocknen und flamme sie ab.

Knoblauch Der Rocambole-Knoblauch (Schlangen-Knoblauch) wächst in unserem Klima besser als der Echte Knoblauch. Er bildet loopingförmige Blütenstängel, an denen sich kleine Brutknollen bilden. Man kann die Zehen zum Stecken im Saatguthandel kaufen oder Nachbargärtner fragen.

Tagetes Sie regen durch ihre Wurzelausscheidungen den Schlupf der Pratylenchus-Nematoden aus ihren Eiern an. Stechen die Nematoden Tageteswurzeln an, sterben sie nach einiger Zeit. Stechen sie Erdbeerwurzeln an, leben sie weiter, hemmen das Wachstum der Erdbeeren und vermehren sich. Die Pratylenchus-Nematoden vermehren sich auch an vielen Gemüsearten (Seite 15), Beikräutern (z. B. Löwenzahn), Rosen sowie vielen anderen Pflanzen. Wenn ausschließlich Tagetes auf einem Beet wächst, kann die Zahl der Nematoden in einem Jahr bis zu 95 % sinken. Tagetes sind allerdings starke Schneckenmagneten!

ERDBEER-KNOBLAUCH-BEET

PFLANZEN IM BEET

Erdbeere
Gelbsenf
Knoblauch
Schnittlauch
Schnittknoblauch

Die Erdbeeren brauchen jetzt fast den gesamten Platz, so dass nur in der Mitte noch ein wenig Abwechslung durch Zwiebelgewächse möglich ist.

WAS MACHE ICH WANN?

März Ich jäte die Erdbeeren gründlich durch. Etwa zwei Drittel der mittleren Reihe bestücke ich mit Knoblauchzehen mit einem Abstand von 10 cm. Das letzte Drittel der Mittelreihe bepflanze ich mit Schnittknoblauch und Schnittlauch mit 20 cm Abstand. Wenn kein Mulch mehr da ist, erneuere ich ihn, nur in der mittleren Reihe nicht.
Mai Ich mulche die Erdbeeren gut, sie dürfen aber nicht zu viel frisches, schnell verrottendes Material abbekommen, denn zu viele Nährstoffe machen sie anfällig für die Weiß- und Rotfleckenkrankheit.
Juni Vor der Ernte mulche ich mit Stroh. Dieses Jahr markiere ich während der Ernte die ertragreichsten und gesündesten Pflanzen mit den schönsten Früchten. Von diesen Pflanzen nehme ich im Lauf der nächsten Wochen Ausläufer. Dazu grabe ich nach der Ernte einige 10er-Töpfe rund um die Pflanzen ein und fülle sie mit humusreicher Erde. Darin lasse ich die kräftigsten Ausläufer der besten Pflanzen wurzeln.

BEET 9

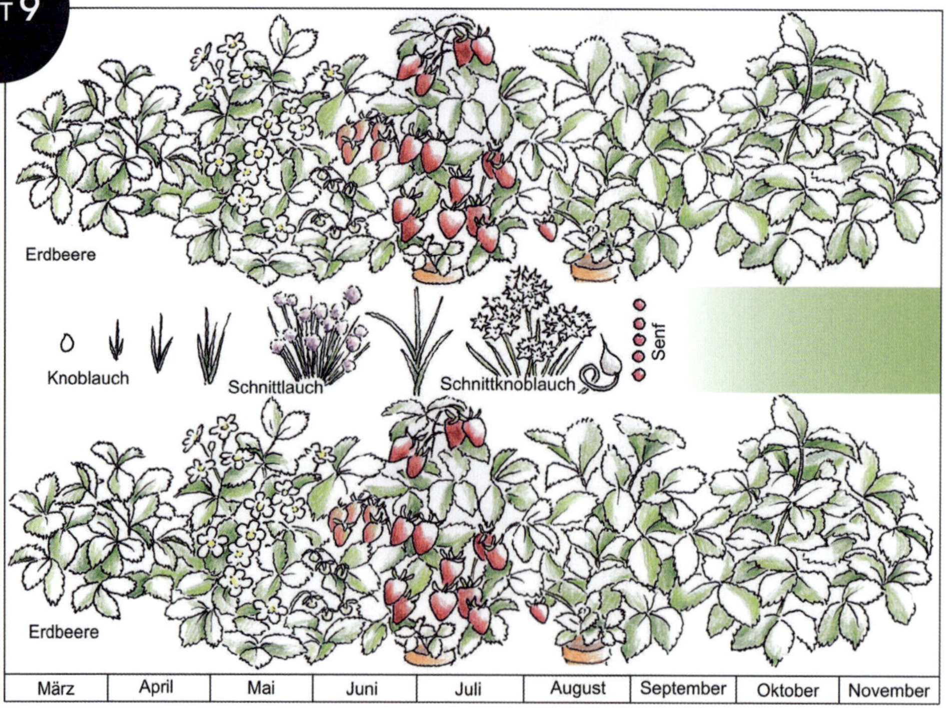

3

1

2

Erdbeerpflege und -vermehrung

1. Besser als Rocambole wirkt die Strohunterlage unter den Früchten gegen Grauschimmel. Das Netz hält Vögel ab.

2. Nach der Ernte bilden die Pflanzen kräftige Ausläufer, die schnell Wurzeln bilden.

3. Ich lasse die Ausläufer der Pflanzen mit den besten Früchten in Töpfen wurzeln. Mit Topfballen wachsen sie beim Umpflanzen ins neue Beet besser an.

August Mitte August zwicke ich die Erdbeerkindel von den Mutterpflanzen ab und ziehe die kleinen Erdbeeren in ihr neues Domizil um. Wieder entferne ich alle überflüssigen Ausläufer, denn die Fruchtqualität leidet, wenn die Früchte unter einem dichten Blätterdach liegen. Falls ich das alte Laub abschneide, weil es krank ist, säe ich etwas Senf um die Erdbeeren herum, zupfe ihn später in 10 cm Höhe ab und lasse ihn als Mulch liegen. Das bringt Leben und Abwechslung in den Boden. Außerdem darf ich Knoblauch ernten – frisch geerntet schmeckt er mir am besten.

GUTE PARTNER

Schnittlauch Er braucht alle paar Jahre einen neuen Platz. Beim Umpflanzen teile ich ihn.

Schnittknoblauch Die Staude ist äußerst robust, blüht wunderschön und samt sich gerne aus. Die Blätter schmecken mild nach Knoblauch.

ERDBEER-GRÜNDÜNGUNGS-BEET

PFLANZEN IM BEET

Erdbeere
Gründüngung, z. B. Phacelia oder Sandhafer

Wenn die Erdbeeren noch gut tragen, können Sie sie auch noch ein Jahr stehen lassen. Meist lassen die Erträge aber im vierten Jahr deutlich nach.

WAS MACHE ICH WANN?

Durchjäten und Mulchen ist immer nötig. Schnittlauch und Schnittknoblauch grabe ich aus und pflanze sie woanders hin, wegen der Fruchtfolge (siehe Beet 9 Seite 40). Sie passen auch wunderbar ins Blumenbeet.

Juli Nach der Erdbeerernte rode ich die Erdbeerpflanzen, hacke flach durch und säe eine Gründüngung aus. Phacelia und Buchweizen sind von der Fruchtfolge her wunderbar geeignet, denn sie sind nicht mit dem Gemüse verwandt. Vor allen Dingen vom Buchweizen kann man selber sehr einfach Samen ernten, wenn man ihn Anfang Mai aussät und die Samen ausreifen lässt. Man hat dann von einigen Quadratmetern schnell 1 kg Samen zusammen, das einige Jahre immer wieder als Gründüngung dienen kann. Auch Lein, Borretsch, Sandhafer, Gemüsemalve und Futterhirse oder eine Mischung aus allen passt hier als Gründüngung. All die genannten Pflanzen frieren über Winter ab und hinterlassen einen wunderbar krümeligen Boden für den Neubeginn mit dem ersten Beet.

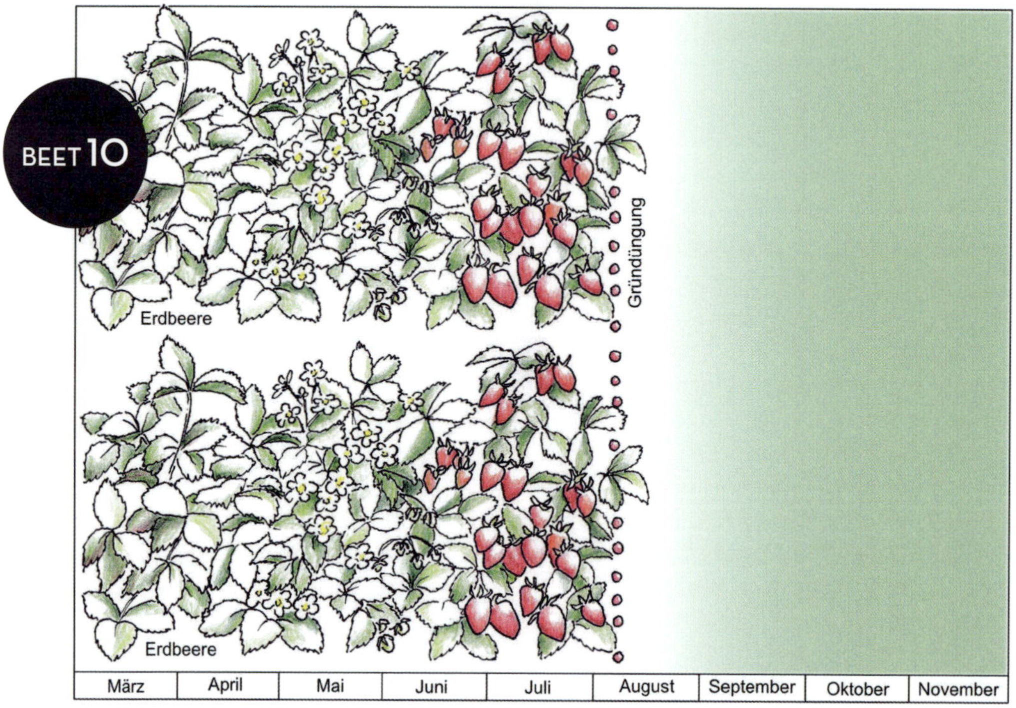

PFLANZENFAMILIEN

Gemüse aus einer Familie wächst oft schlecht zusammen und steckt sich gegenseitig mit Krankheiten an. In diesen Familien kriselt es besonders.

PFLANZENFAMILIE	MERKMALE UND ZUGEHÖRIGE PFLANZEN
Doldenblütler	Der Bau der typischen Blütendolden erinnert an das Stahlgerüst in einem Regenschirm. Die Möhrenfliege mag sie alle. Zur Pflanzenfamilie gehören: Dill, Fenchel, Kerbel, Koriander, Kümmel, Möhre, Pastinake, Petersilie, Sellerie.
Fuchsschwanzgewächse	Die Blüten sind meist klein und unscheinbar und werden normalerweise vom Wind bestäubt. Rübenfliegen und Viren sind problematisch. Dazu gehören: Amarant, Gartenmelde, Mangold, Riesen-Gänsefuß, Rote Bete, Spinat.
Kreuzblütler	Man erkennt sie an den 4 kreuzförmig angeordneten, typisch geformten Blütenblättern und dem kohligen, oft auch scharfen Geschmack. Hier tummeln sich Kohlerdfloh, Kohlmottenschildlaus, Kohltriebrüssler, Kohldrehherzmücke, Kohlschabe, Kohleule, Kohlweißling und Kohlfliege. Die Kohlhernie ist die schlimmste Kreuzblütler-Krankheit. Dazu gehören: Chinakohl, Cima di Rapa, Kohlarten, Kresse, Pak Choi, Speiserüben, Radies, Rettich, Rucola, Senf.
Leguminosen	Oben Fahne, unten Schiffchen und seitlich Flügel, das ist die typische Schmetterlingsblüte der stickstoffsammelnden Leguminosen. Hier gehen Viruserkrankungen und Wurzelpilze um. Dazu gehören: Bohne, Erbse, Klee, Linse, Wicke.
Nachtschattengewächse	Normalerweise sind 5 Blüten- und 5 Kelchblätter trichterförmig verwachsen. Wenn viele Angehörige zusammenstehen, ziehen sie den Kartoffelkäfer magisch an. Tomaten bekommen schneller Krautfäule, wenn sie neben Kartoffeln stehen. Dazu gehören: Ananaskirsche, Andenbeere, Aubergine, Chili, Kartoffel, Litschi-Tomate, Paprika, Peppino, Tomate, Tomatillo.
Zwiebelgewächse	Man erkennt die meisten am Zwiebelgeruch. Die Blätter sind lang und glatt, aus einer dicken, mit 2 Pergamentblättern umhüllten Knospe brechen viele wunderschöne Blüten. Zwiebelfliege, Lauchfliege, Lauchmotte und Porree-Rost sind die Familiengeißeln. Dazu gehören: Knoblauch, Lauch, Schalotte, Schnittknoblauch, Schnittlauch, Winterheckezwiebel, Zwiebel.

REIHENMISCHKULTUR MIT KLEEWEGEN

In der Reihenmischkultur gibt es auf einem großen Beet viele Gemüsereihen. Der Reihenplan, den Sie auf den folgenden drei Doppelseiten finden, bleibt immer gleich, rutscht aber jedes Jahr um 30 cm weiter, damit die Fruchtfolge stimmt. Auf den bequemen Weißklee-Wegen können Sie wunderbar barfuß laufen, da der Klee im ersten Jahr nicht blüht. Hier einige grundsätzliche Tipps vorweg.

Beetvorbereitung im März Wenn der Boden abgetrocknet ist, reche ich die gesamte Beetfläche ab und deponiere die Mulch- und Erntereste neben der Gemüsefläche. Oft ist der Boden unterm Mulch so locker, dass ich nicht hacken muss. Ansonsten hacke ich 1 cm tief durch. Mit einem Rillenzieher markiere ich alle 20 cm eine flache Rille. Ein Zwischenraum zwischen den Rillen wird zum Kleeweg, dann folgen 120 cm Beetfläche, dann wieder ein 20 cm breiter Kleeweg usw.

Feste Markierungen Ich habe den Anfang meiner Fläche mit 2 stabilen Stäben markiert, damit ich jedes Jahr dieselben festen Messpunkte habe. Vorn und hinten in der Beetfläche sollte ein wenig Spiel sein, damit man die Kleewege sinnvoll schieben kann.

Kleewege Im März spanne ich eine Schnur am Kleeweg entlang, säe die Kleesamen breitwürfig (2 g/m²) auf den Weg und reche sie vorsichtig ein. Wenn das Frühjahr kalt ist, dauert es, bis man die Kleewege begehen kann, aber die Keimlinge sind zäh und vertragen vorsichtige Belastungen. Zur Not setze ich Trittbretter ein, meist balanciere ich aber zwischen den Aussaaten. Schon bald liefern die Kleewege nahrhaften Mulch für die Nachbarreihen. Weißklee kann über den Sommer 20 g Stickstoff/m² aus der Luft sammeln, dadurch spare ich Dünger. Für 20 g Stickstoff müsste ich ungefähr 4 kg Rindermist heranschaffen. Der Klee mildert auch die Trittschäden. Im späten Herbst oder spätestens im März hacke ich den Klee ab, denn im nächsten Jahr soll der Kleeweg ja 30 cm versetzt wachsen.

Spinat-Reihen Im März säe ich fast überall jeweils 40 cm neben den Kleewegen eine schnurgerade Reihe Spinat. Dabei laufe ich auf den noch nicht benötigten Reihen oder noch besser auf kleinen Trittbrettern, die ich leicht verschieben kann. Vorsicht! Im kühlen Norden oder in den Mittelgebirgslagen sind Aussaaten Anfang März eventuell zu früh, denn es kann noch wochenlang kalt sein. Im April und Mai schützt der Spinat die kleinen Gemüsekeimlinge vor kaltem Wind und liefert uns frisches Grün. Sobald er stört oder die Blüten erscheinen, hacke ich ihn ab, lasse ihn liegen und streue alten Mulch vom Winter darüber. Die weichen Spinatblätter und -wurzeln sind für das Bodenleben ein wahrer Festschmaus und bringen es richtig auf Trab. Ihr hoher Saponingehalt soll anderen Pflanzen bei der Nährstoffaufnahme helfen. Nach dem Abhacken dienen die Spinat-Reihen im Sommer zur Flächenkompostierung sowie zum Treten und Gießen.

Herbstliche Arbeiten Wenn die Reihen abgeerntet sind, lohnt bis Mitte September noch eine Gründüngung mit Gelbsenf. Später im Jahr lockere ich nur noch wo nötig mit der Grabgabel und mulche die frei werdenden Reihen. Ab Oktober bekommt alles eine bunte Laubdecke.

1

2

1. Im Frühling wächst der Klee auf dem Weg noch eher verhalten.

2. Im Sommer wuchert der Klee nach dem Schnitt mit dem Freischneider rasant weiter. Rupfen macht mehr Arbeit, bringt aber mehr Mulch.

REIHENPLAN MIT 6 KLEEWEGEN

Die Arbeitsanleitungen für die Kleewege und die jeweils 2 dazwischenliegenden Spinat-Reihen finden Sie auf Seite 44. Was in den 17 Gemüsereihen zu tun ist, können Sie den folgenden Texten entnehmen. Außerdem bekommen alle Gemüsereihen, in denen Starkzehrer wachsen, im März oder zur Pflanzung ein wenig Kompost oder gut verrotteten Mist und über den Sommer viel nahrhaften Mulch.

Kleeweg 1 siehe Seite 44

Reihe 1: Salat-Kohlrabi Mitte April pflanze ich alle 20 cm frühen Kohlrabi und frühe Kopfsalate im Wechsel. Auch ein paar Dillsamen passen dazu. Sobald beim Ernten Lücken entstehen, pflanze oder säe ich wieder Kohlrabi, Radies, Rettich, Dill oder Salat in die Lücken, im Sommer schossfeste Sommersorten (z. B. Romana-Salate), ab Juli Zuckerhut und Winterendivie. Etwa Mitte August ist der letzte Pflanztermin für Kohlrabis. Auch Rucola, Mairüben, Herbstrüben und Asiasalate passen ab August zwischen die Salate. Die Salate schützen die Kreuzblütler vor Kohlerdflöhen.

Spinat siehe Seite 44

Reihe 2: Phacelia-Buschbohne Ab April säe ich breitwürfig Phacelia. Ab Mitte Mai hacke ich Saatstellen in die Phacelia und säe die Buschbohnen, dabei lasse ich nach jedem vierten bis fünften Horst etwa 15 cm zu viel Platz und säe dort einen Horst Bohnenkraut. Ich markiere ihn mit einem Stock, damit ich ihn beim Hacken nicht erwische. Die Phacelia jäte ich so, dass die Bohnen nicht bedrängt werden. Viele Buschbohnen wie die Sorte 'Maxi' bilden nach der ersten Ernte noch einmal Blüten und tragen ein zweites Mal. Die Buschbohnen profitieren von der Nachbarschaft mit den Salaten. Im September säe ich wieder breitwürfig Phacelia.

Spinat siehe Seite 44

Reihe 3: Rote Bete-Mangold-Koriander Ab März säe ich breitwürfig Gelbsenf. Ab Mitte April hacke ich die Aussaatreihe frei und säe in einen Teil der Reihe Mangold, in den anderen Rote Bete. Beide brachten gemeinsam mit Buschbohnen in Versuchen höhere Erträge. Wenn ich die Rote Bete weit genug säe, passen ein paar Korianderkörner dazwischen. Der Koriander blüht im Sommer wunderschön, die Samen ernte ich, wenn sie braun sind und schneide die Pflanzen dann auch ab, damit die Rote Bete sich voll entfalten kann.

Kleeweg 2 siehe Seite 44

Reihe 4: Dill-Salat Hier dürfen Salate und Dill wachsen, bis Zucchinis oder Gurken aus Reihe 5 alles zuwuchern. Im März säe ich bereits etwas Schnittsalat, Ende März Dill. Ab Mitte April pflanze ich Kopf- und Pflücksalate mit 25 bis 30 cm Abstand. Falls sich Anfang August Lücken im Gurken- oder Zucchiniwust öffnen lassen, pflanze ich Zuckerhut und Radicchio. Gurken, Zucchinis und Salate lieben sich und bringen gemeinsam höhere Erträge.

Spinat siehe Seite 44

Reihe 5: Inkarnatklee-Gurke-Zucchini-Feldsalat Ende März/Anfang April säe ich breitwürfig Inkarnatklee, ab Mitte Mai säe ich in einen Teil der Reihe Gurken. Dazu hacke ich den Inkarnatklee an der Saatstelle beiseite und markiere diese nach der Saat mit Stöckchen. Hier und da bepflanze ich eine Saatstelle mit Basilikum und lasse die Gurkensamen an dieser Stelle weg. Den anderen Teil der Reihe bepflanze ich mit Zucchinis im Abstand von 80 cm. 2 Pflanzen reichen für eine Familie. Der Inkarnatklee darf wachsen, solange er Gurken und Zucchinis nicht behindert. Ab Mitte August bis Mitte September säe ich breitwürfig Feldsalat zwischen Gurken und Zucchinis.

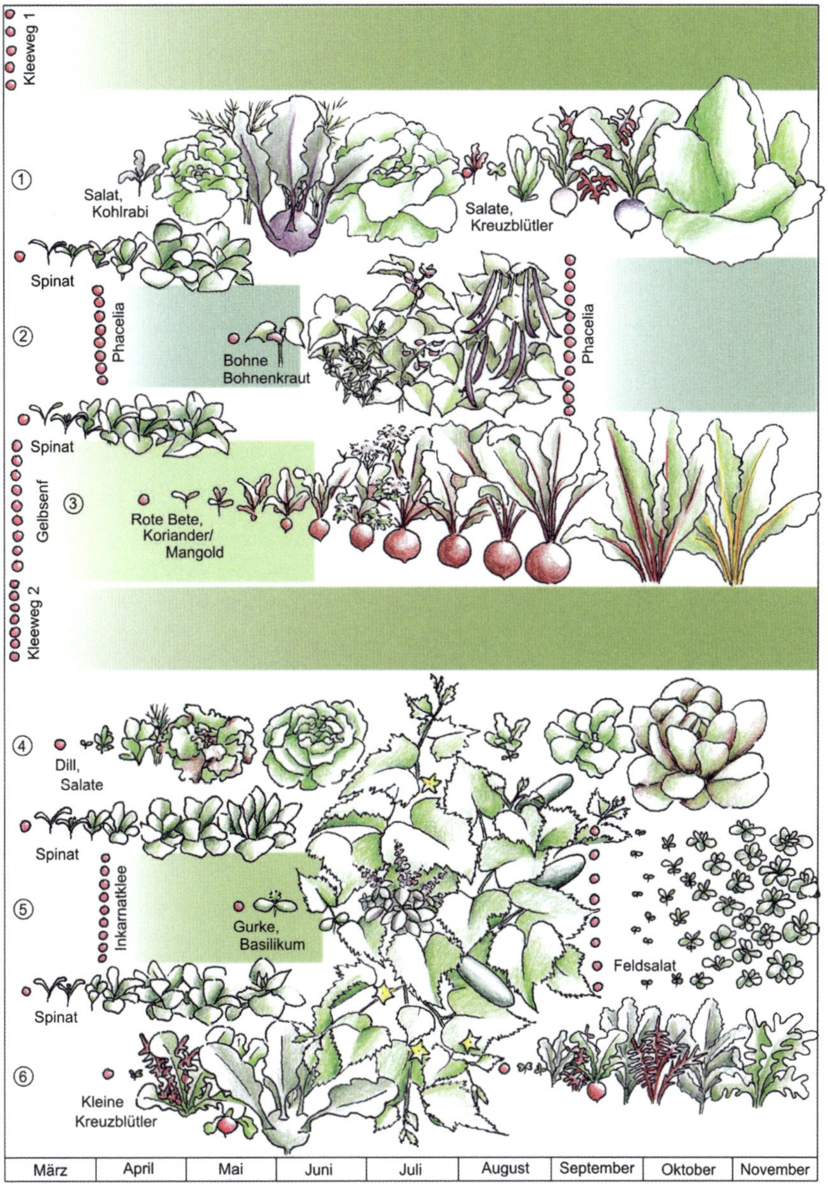

Spinat siehe Seite 44

Reihe 6: Kreuzblütler wie Asiasalate, Rucola, Kohlrabi, Rettiche, Radieschen Im März/April unterteile ich die Reihe und säe in jeden Abschnitt etwas anderes. Asiasalate, Rucola, Kohlrabi oder andere kleine Kreuzblütler eignen sich, die hier anfangs noch vom Spinat vor den Kohlerdflöhen geschützt werden. Im Sommer wuchern die Gurken und Zucchinis über die Reihe. Ab Mitte August ist vielleicht schon wieder Platz für Herbstrüben, Cima di Rapa, Asiasalate, Spinat und Rettiche. Wenn Gurken und Zucchinis erst später Platz machen, eignen sich bis Anfang September noch Rucola, Radies und Abessinischer Kohl zur Aussaat.

Kleeweg 3 siehe Seite 44

Reihe 7: Lagermöhre Im April säe ich späte Lagermöhren, die ich im Oktober/November vor den ersten stärkeren Frösten ernte. Einzelne leichte Nachtfröste überstehen sie gut unter Laub. Sie sind hier neben dem Lauch einigermaßen vor Möhrenfliegen sicher und schützen wiederum den Lauch vor Zwiebelfliegen und Lauchmotten. Möhre und Lauch brachten in Versuchen gemeinsam höhere Erträge.

Spinat siehe Seite 44

Reihe 8: Gelbsenf-Winterlauch Im März säe ich breitwürfig Gelbsenf, den ich etwa Mitte Mai wieder abhacke. Sobald ich Jungpflanzen kaufen kann, pflanze ich Winterlauch mit einem Abstand von 20 cm. Ich kann ihn von Oktober bis März ernten, wenn er nicht zu häufig durchfriert und wieder auftaut. Ein wenig Laub schützt ihn vor starkem Frost und Wintersonne. Unter Schnee geht es ihm noch besser. In diese Reihe würden auch Herbst- oder Sommerlauch passen. Den Sommerlauch pflanzt man schon Anfang April und erntet ab Mitte Juli. Auch Zwiebeln oder Schalotten wären hier denkbar, mit einer Folgesaat aus Herbstspinat oder Feldsalat.

Spinat siehe Seite 44

Reihe 9: Inkarnatklee-Frühkohl-Spätkohl
Ende März/Anfang April säe ich breitwürfig Inkarnatklee zwischen Spinat-Reihe und Kleeweg. Ab Mitte April pflanze ich Frühkohl (z. B. 'Brunswijker') im Abstand von 60 cm in freigehackte Lücken zwischen den Klee. Ab Ende Mai pflanze ich zwischen den Frühkohl eine Spätkohlart (z. B. 'Marner Lagerweiß') und jäte den Inkarnatklee, wenn er stört. Zweite Möglichkeit: Ich pflanze nur Frühkohl mit einem Abstand von 40 cm. Wenn ich ab Juni beim Ernten die unteren Blattrosetten stehen lasse, treiben aus dem Strunk fast immer Triebe nach, von denen ich 3 bis 4 kräftige stehen lasse. Daraus bilden sich wieder kleine Kohlköpfe, die unsere neuerdings milden Winter meist unbeschadet überstehen, so dass ich den ganzen Winter über frischen Kohl für Salate ernten kann.

Kleeweg 4 siehe Seite 44

Reihe 10: Frühmöhre-Dill-Radieschen-frühe Bohne Anfang April säe ich eine frühe Möhrensorte wie die 'Nantaise 2' mit ein wenig Dill und Radies als Markiersaat aus. Zur Abwehr der Möhrenfliege streue ich Rainfarnpulver über die Samen. Wenn die Möhren etwa 5 cm hoch sind, streue ich nochmal Rainfarnpulver. Rainfarn wächst bei mir im Garten, ich trockne und zerbrösele Blätter und Blüten. Nach der Möhrenernte säe ich Mitte Juli eine frühe Buschbohnensorte wie 'Speedy', 'Saxa' oder 'Maxi'.

Spinat siehe Seite 44

Reihe 11: Steckzwiebel-kleine Kreuzblütler wie Rettiche, Radieschen, Rucola, Asiasalate Im April stecke ich eine Doppelreihe Steckzwiebeln. Die 2 Reihen sind etwa 20 cm voneinander entfernt. In der Reihe brauchen die Zwiebeln 5 bis 6 cm Abstand. Nach dem Stecken muss das obere Drittel der Zwiebel noch herausschauen. Diese brachten in Versuchen gemeinsam mit Salaten höhere Erträge. Nach der Zwiebelernte säe ich kleine Kreuzblütler wie Rettiche, Radies, Cima di Rapa, Abessinischen Kohl, Asiasalate, Herbstrüben und Rucola, auch Feldsalat und Spinat kommen dazwischen, wobei schmale Kulturen wie der Feldsalat in einer Doppelreihe stehen können.

Spinat siehe Seite 44

Reihe 12: Salate wie Schnitt- und Pflücksalat, Eis- und Romanasalat, Feldsalat Hier ist Platz für Salat ohne Ende. Im Frühling säe ich Schnitt- und Pflücksalate, im Sommer Eissalate, Romanas, Bataviasalate oder Frisée, und ab August pflanze ich Endivien und Zuckerhut oder säe Feldsalat. Mischen Sie den Anbau ganz nach Ihren Bedürfnissen. Zwischen zwei fast erntereife Salatköpfe säe ich bereits vor der Ernte neuen Salat, so dass bei der Ernte schon Jungpflanzen zwischen den fertigen Köpfen wachsen. Wenn ich etwas dichter säe, als ich es hinterher brauche, kann ich hier auch jederzeit Jungpflanzen für andere Reihen entnehmen.

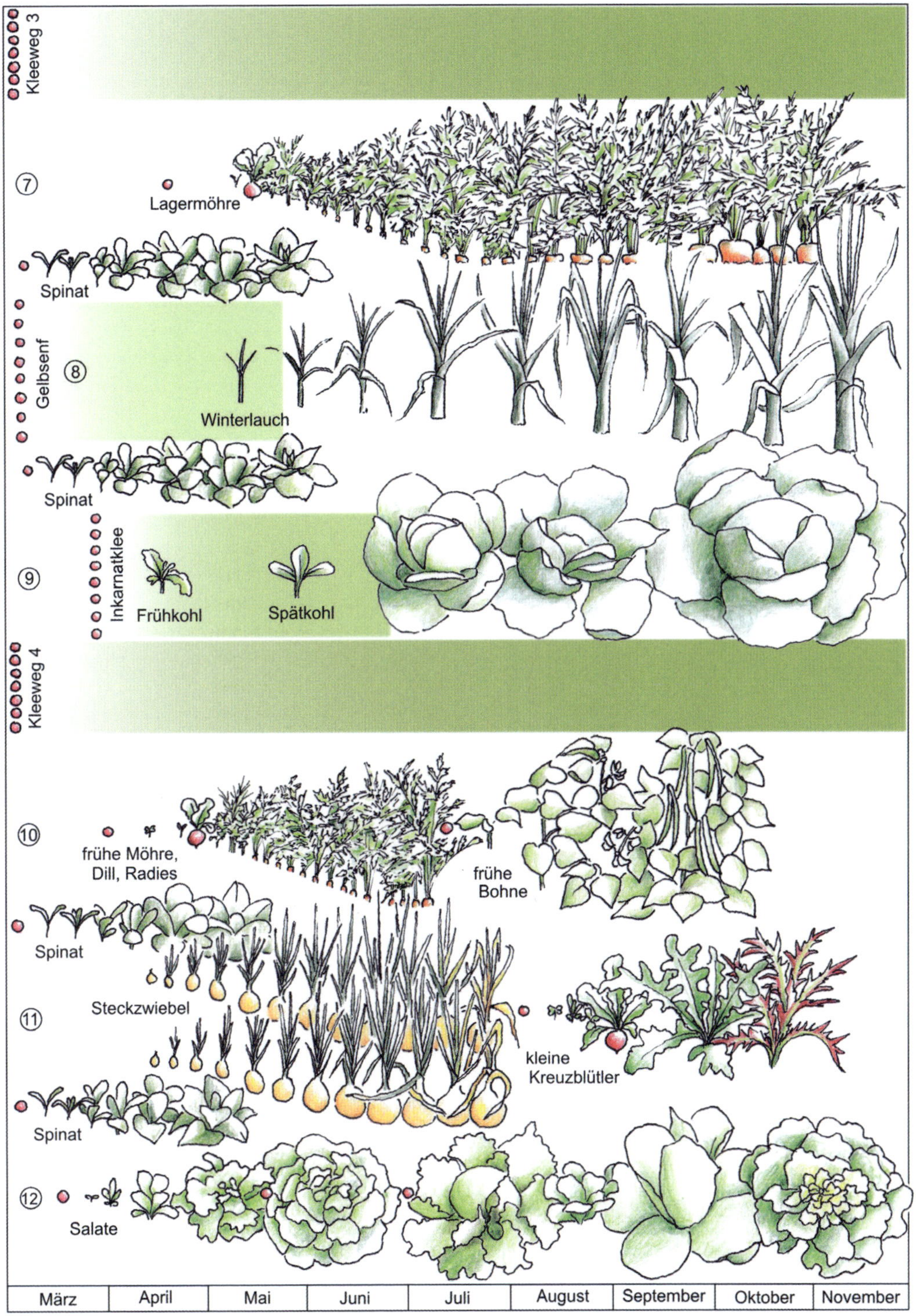
Kleeweg 3
⑦
Lagermöhre
Spinat
Gelbsenf
⑧
Winterlauch
Spinat
Inkarnatklee
⑨
Frühkohl
Spätkohl
Kleeweg 4
⑩
frühe Möhre,
Dill, Radies
frühe
Bohne
Spinat
Steckzwiebel
⑪
kleine
Kreuzblütler
Spinat
⑫
Salate
März
April
Mai
Juni
Juli
August
September
Oktober
November

Kleeweg 5 siehe Seite 44

Reihe 13: Zuckererbse-Gemüsemalve Anfang April säe ich niedrige Zuckererbsen. Sobald sie gekeimt sind, hacke ich bei trockenem Wetter und stecke entlang der Reihe Zweige zum Hochranken. Nach der Erbsenernte säe ich Gemüsemalven. Sie wachsen rasch, so dass ich bis zum ersten starken Frost noch viele zarte Blätter ernten kann. Ich schneide sie roh mit in den Salat. Eine längere Erbsenernte gibt es mit höheren Erbsensorten, die ein stabileres Gerüst brauchen. Danach wäre noch Zeit für Feldsalat. Man könnte aber auch noch während der Erbsenernte Gemüsemalven direkt neben die Erbsen säen und die Erbsen später sehr vorsichtig abräumen.

Spinat siehe Seite 44

Reihe 14: Brokkoli-Sellerie Mitte Mai pflanze ich Sellerie und Brokkoli im Wechsel mit 40 cm Abstand. Auch Stangensellerie und Blumenkohl passen in die Reihe. Den Blumenkohl kann ich nach der Ernte durch Rucola oder einen kleinen Kreuzblütler ersetzen oder Phacelia säen. Kohl und Sellerie helfen sich, denn der Sellerie vergrault die Kohlweißlinge und der Kohl hält den Sellerierost in Schach. Nach der Erbsenernte profitieren die Starkzehrer dieser Reihe vom Stickstoff, den die Erbsen gesammelt haben.

Spinat siehe Seite 44

Reihe 15: Knoblauch-Feldsalat Ab Mitte März stecke ich hier eine Reihe Knoblauchzehen (Rocambole) 4 cm tief im Abstand von 10 cm. Einen Teil der Reihe bestücke ich – etwas enger gesteckt – mit den kleinen Brutknollen, die oben am Rocambole-Stängel entstehen. Die Brutknollen wachsen bis zum Sommer zu kirschgroßen, zartfleischigen Knöllchen heran, die ich ausgrabe und im nächsten Frühjahr wieder stecke. Sie entwickeln sich zu sehr gesunden Knoblauchknollen mit vielen dicken Zehen. Gemeinsam mit Brokkoli und Blumenkohl brachte Knoblauch in Versuchen übrigens höhere Erträge. Nach der Knoblauchernte säe ich breitwürfig Feldsalat.

Kleeweg 6 siehe Seite 44

Reihe 16: Ringelblume-Zuckermais-Puffbohne Da die Befruchtung beim Zuckermais am besten funktioniert, wenn die Pflanzen eng stehen, säe ich jeweils 4 Samen im Quadrat, wobei die Samen einen Abstand von 20 cm zueinander haben. Die Quadrate sitzen mittig auf einer Reihe, die hier 25 cm Abstand zum Kleeweg hat. Pro laufenden Meter plane ich einen Zuckermaistuff und markiere ihn im März. Zwischen den Tuffs ist mit etwas Abstand jeweils Platz für eine 40 cm lange Reihe aus Puffbohnen oder Ringelblumen, die ich beide im März aussäen kann. Die Ringelblumen säe ich über die Stellen für die Maistuffs und jäte sie dann im Mai, wo sie stören. Ab 8. Mai säe ich den Zuckermais, der anfangs nie von den Ringelblumen bedrängt werden darf. Mais brachte gemeinsam mit Puffbohnen in Versuchen höhere Erträge, mit Kartoffeln ebenso.

Ackerbohne Statt Spinat säe ich hier Ackerbohnen mit einem Abstand von 60 cm zum Kleeweg. Ich hacke sie ab, wenn sie blühen.

Reihe 17: Kartoffel-Winterportulak oder Gründüngung wie Phacelia, Sandhafer Ende März keime ich mittelgroße Kartoffeln bei 12 bis 15 °C in flachen Kisten an einem hellen, aber nicht sonnigen Fenster vor. Anfang Mai kommen die Kartoffeln in die Mitte zwischen die 2 Ackerbohnen-Reihen. Ich lege sie mit einem Abstand von 30 cm etwa 4 cm tief in den Boden. Wenn die Pflanzen ca. 15 cm hoch sind, häufele ich sie an und hacke so gleichzeitig Beikraut. Wenn wieder Beikraut gekeimt ist, häufele ich nochmal an. Dann mulche ich dick. Ich ernte erst, wenn das Kartoffelkraut vollständig abgestorben ist. Danach säe ich breitwürfig eine Gründüngung oder Winterportulak. Als Gründüngung eignet sich zum Beispiel Phacelia mit Sandhafer.

Ackerbohne Ich säe 10 cm entfernt vom Kleeweg Ackerbohnen, die ich abhacke, wenn sie blühen.

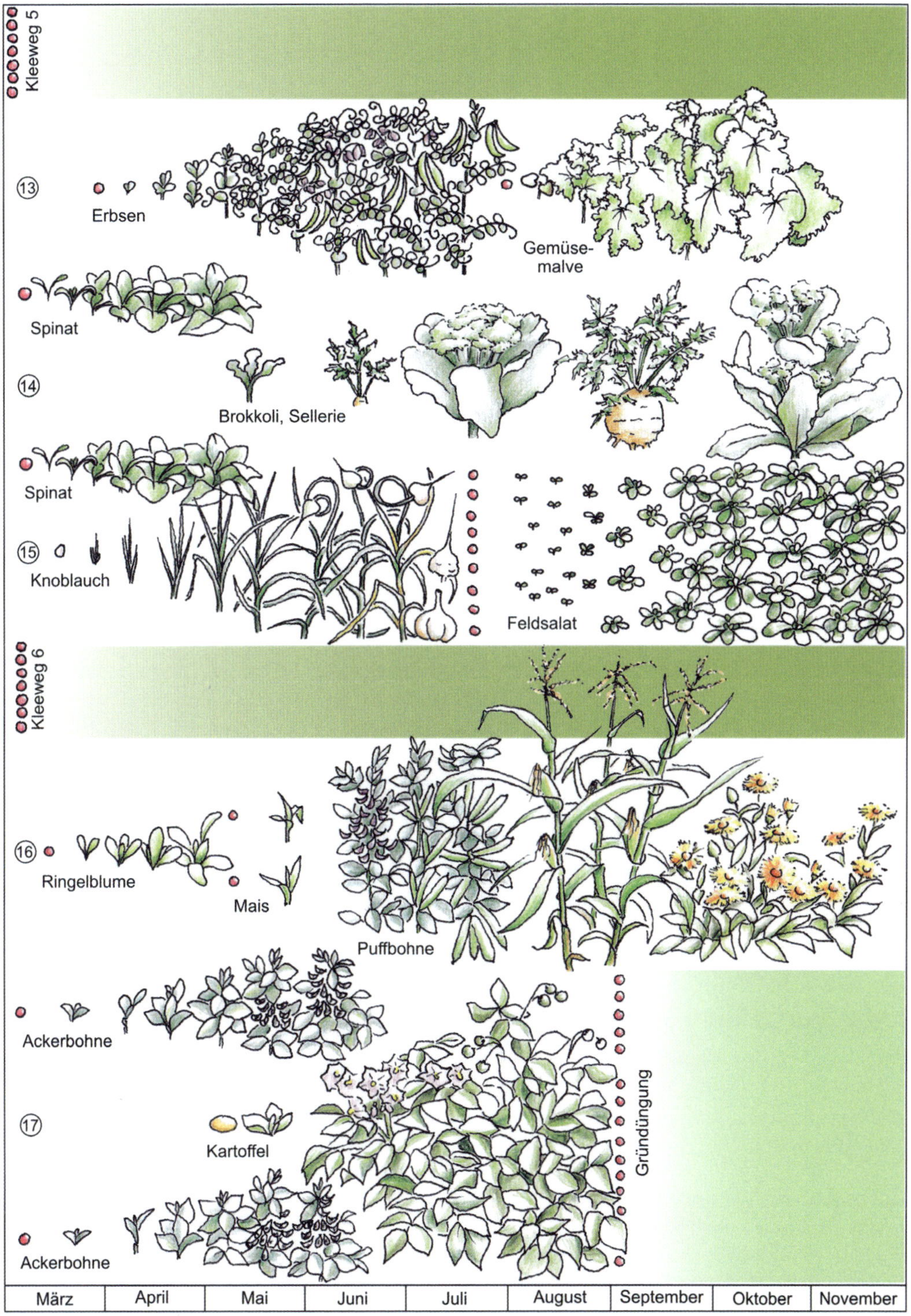
Kleeweg 5
13
Erbsen
Gemüse-
malve
Spinat
14
Brokkoli, Sellerie
Spinat
15
Knoblauch
Feldsalat
Kleeweg 6
16
Ringelblume
Mais
Puffbohne
Ackerbohne
17
Kartoffel
Gründüngung
Ackerbohne
März
April
Mai
Juni
Juli
August
September
Oktober
November

Nachbarschaft in Gefäßen

In Gefäßen ist gute Nachbarschaft besonders wichtig, denn unter und über der Erde ist der Raum begrenzt, und meist pflanzen wir dichter als im Beet.

Alle Gefäße brauchen unbedingt einen guten Wasserablauf, damit in der Erde nie Wasser stehen bleibt. Gefäße mit Wasserreservoir sind super, vor allen Dingen in den heißen Sommerwochen. Als Erde wählen wir für Schwachzehrer am besten Kräutererde. Die Mittel- und Starkzehrer wachsen gut in Gemüse- oder Blumenerde mit Depotdünger. Die Starkzehrer brauchen in der Hauptvegetationszeit alle 2 Wochen etwas Flüssigdünger dazu. In großen Gefäßen können wir die Erde mit gut verrottetem Kompost anreichern, die dann vom Bodenleben zu Dünger verarbeitet wird. In kleineren Gefäßen klappt das nicht, weil zu wenig Bodenleben vorhanden ist. Warme, windgeschützte Lagen sind für viele Gemüsearten recht angenehm, die pralle Mittagssonne vertragen aber nicht alle Arten. Vor allem in dunklen Gefäßen wird es zu heiß.

SOMMERLICHE ERNTEKÜBEL

Kübelmaße: 25 x 30 x 70 cm

Feuerkübel Im März säe ich Baby Leaf-Salat. Mitte Mai säe ich Feuerbohnen (Nr. 1) ans Rankgerüst, vorne mittig einjähriges Bohnenkraut (Nr. 3). In die vorderen Ecken kommen 1 Rankender Rosmarin (Nr. 2) und 1 Kapuzinerkresse (Nr. 4).

Gurkenkübel Im März säe ich hinten Spinat. Im April pflanze ich vorne 3 Kohlrabis und säe Schnittzichorie (Nr. 3) dazwischen. Mitte Mai setze ich hinten 2 Gurkenpflanzen ans Rankgitter (Nr. 1), dazwischen 1 Wildes Basilikum (Nr. 4). Nach der Kohlrabiernte säe ich Dill (Nr. 2) in die Lücken, ab September Winterportulak unter die Gurken.

SOMMERLICHE ERNTEKÜBEL

Kübelmaße: 25 x 30 x 70 cm

Paradieskübel Im März säe ich 2 Reihen Schnittsalat mit Radies. Mitte Mai pflanze ich 1 Tomate (Nr. 1), 1 Wildes Basilikum (Nr. 2), 2 Kapuzinerkressen (Nr. 3) und 1 Ringelblume (Nr. 4). Ab September säe ich Feldsalat unter.

BALKONKÄSTEN ZUM NASCHEN

Kastenlänge 60 cm

Vitaminkasten Im März säe ich Schnittsalat mit Radies. Im Juni pflanze ich 2 Bataviasalate (Nr. 2) und säe Baby Beets (Nr. 3) und Dill (Nr. 1) dazwischen. Ende August säe ich Rucola, Asiasalate, Winterportulak und Feldsalat.

BALKONKÄSTEN ZUM NASCHEN

Kastenlänge 60 cm

Genießerkasten Ich pflanze 2 Monatserdbeeren (Nr. 1), 1 Schnittknoblauch (Nr. 2) und 1 Zitronenmelisse (Nr. 3).

Kräuterkasten Ich pflanze 1 Basilikum (Nr. 1), 1 Petersilie (Nr. 2), 1 Schnittlauch (Nr. 3) und 1 Großen Wiesenknopf (Nr. 4).

HOCHBEETE FÜR VIEL FRISCHES GEMÜSE

In diesen zwei Hochbeeten entsteht eine vierjährige Fruchtfolge, wenn man in den ersten 2 Jahren die Hochbeet-Pläne über die Mitte spiegelt und in den zwei Folgejahren das jeweils andere Hochbeet benutzt. Die Frühlingsgemüse sind in den Plänen grün geschrieben, die Sommergemüse schwarz und die Herbstgemüse blau. Wenn Sie die Pläne in Hochbeeten von 120 x 200 cm Größe verwirklichen, wird's eng – falls alles üppig wächst –, so dass viel überhängt und Sie fleißig ernten müssen. In Beeten mit 140 x 220 cm Größe kann man hier und da eine Pflanze mehr unterbringen.

1. Tomatenhälfte: Im März säe ich breitwürfig Gelbsenf aus (nicht gezeichnet), lasse aber die Pflücksalat-Reihen frei. Ab Anfang April pflanze ich 8 Pflücksalate und säe Dill dazwischen. Um den 10. Mai herum hacke ich den Senf ab und lasse ihn als Mulch liegen. Mitte Mai wird das Beet richtig voll. Ich pflanze 2 Buschtomaten und säe einige Ringelblumen dazwischen, die solange wachsen dürfen, bis sie stören. Aussamen sollten sie sich eher nicht. Dort, wo ich die Petersilie pflanze, muss der Pflücksalat weichen. Die zwei mögen sich sowieso nicht. Jetzt ist auch Zeit für die Aussaat der Bohnen mit etwas Bohnenkraut und die Pflanzung von 1 Brokkoli, 1 frühem Blumenkohl, 2 Schnittsellerie und 1 Kapuzinerkresse. Ab August/September säe ich breitflächig Winterportulak und Feldsalat unter die Tomaten.

2. Zucchinihälfte: Im März stecke ich 5 Schalotten mit 15 cm Abstand, säe Kamille und breitwürfig Spinat. Ab Anfang April säe ich eine Schnittsalat-Reihe mit etwas Radies und pflanze bis Mitte April 6 verschiedene Kopf-, Eis-, Pflück- oder

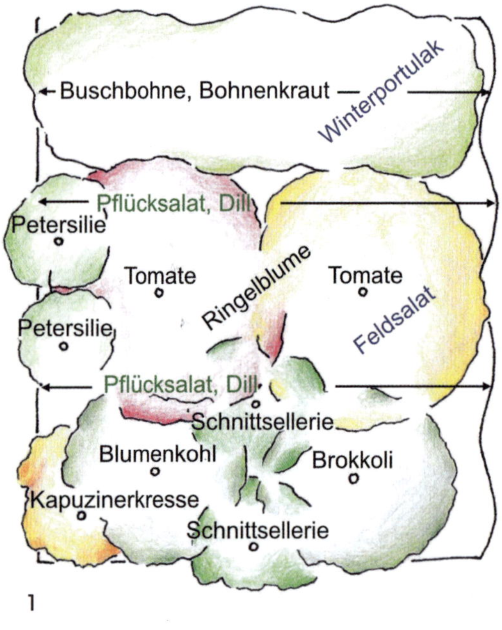

1

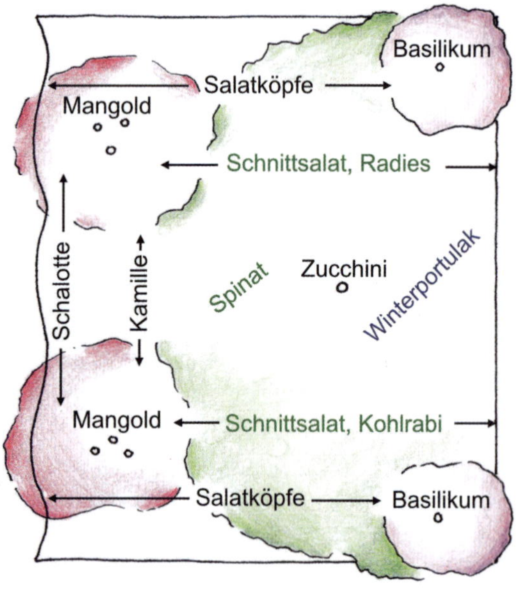

2

Romanasalate. Ab Mitte April säe ich die zweite Reihe Schnittsalat, in die ich auch 2 Kohlrabis setze. Wo der Mangold stehen soll, säe ich jeweils 2 große oder bis zu 5 kleine Körner mit etwas Abstand aus und vereinzele später, wenn es zu dicht wird. Mitte Mai pflanze ich Zucchini und Basilikum, dabei muss der Spinat weichen, wo er stört. Entstehen über den Sommer Lücken in den äußeren Salat-Reihen, pflanze ich Endivien und Zuckerhut, falls die Zucchini Platz dafür lässt. Im September säe ich breitwürfig Winterportulak unter die Zucchini.

3. Gurkenhälfte: Im März säe ich dort, wo Paprika, Gurken und Basilikum hinsollen, breitwürfig Senf, den ich im Mai wieder abhacke. Ab Anfang April stecke ich die Zwiebeln mit 5 cm Abstand in die Außenreihen und säe Kerbel und Schnittzichorien. Mitte Mai pflanze ich 2 Gurken, 2 Basilikum, 2 Paprika und 2 Majoran. Zum Basilikum säe ich etwas Dill. Ab August säe ich Radies, Abessinischen Kohl, Rucola und Feldsalat in die Zwiebel-Reihen sowie breitflächig Gartenmelde unter die Gurken.

4. Schnelles Gemüse: Im März stecke ich den Knoblauch mit 10 cm Abstand. Wenn es warm genug ist, säe ich auch gleich Mairüben und Rucola. Ab April säe ich frühe Möhren, Rote Bete mit etwas Koriander, die Erbsen an einem kleinen Klettergerüst aus Zweigen, etwas Phacelia und 3 bis 5 Borretschsamen. Ab Mitte Mai pflanze ich 1 bis 2 kleine, ungefüllte Tagetes und säe dort, wo ich Mairüben und Rucola geerntet habe, den Sommerportulak aus. Sobald ab Juli frühe Möhren und Knoblauch geerntet sind, säe ich Gemüsemalven, pflanze die Kohlrabis im Abstand von 40 cm und setze jeweils einen Sommersalat dazwischen. Im August nach der Erbsen- und Baby Beet-Ernte säe ich Spinat und pflanze Endivien und Zuckerhut. Schließlich räume ich im September den Sommerportulak und säe Feldsalat.

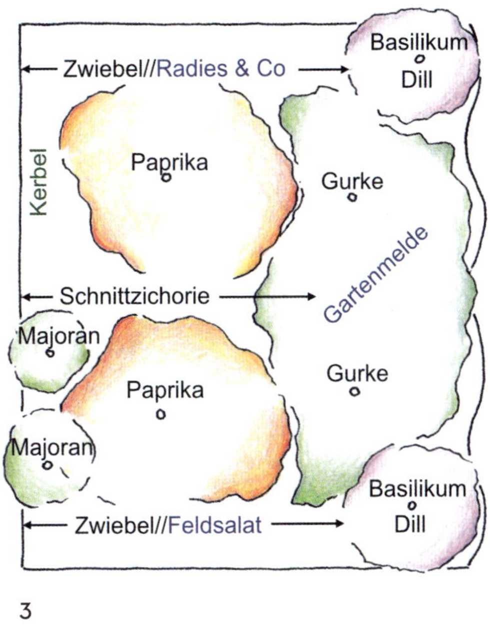

3

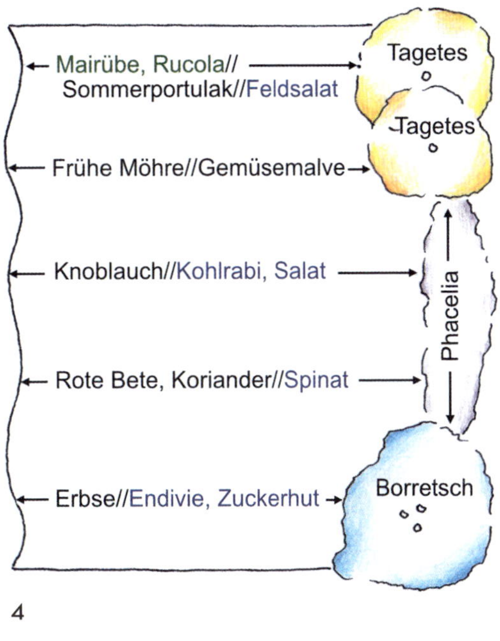

4

GUTE NACHBARN UNTERM TOMATENDACH

Früher hieß es, man könne Tomaten immer am selben Fleck anbauen. Inzwischen weiß man, dass sie mehr Ertrag bringen, wenn sie öfters in neuem Boden wachsen dürfen.

In Deutschland leiden Tomaten im Freiland häufig unter der Krautfäule. Da die Pilzsporen der Krautfäule nur auf nassen Blättern auskeimen und ins Blatt eindringen können, baut man Tomaten fast immer unter einem Dach an. Dort sind sie relativ sicher vor der Pilzkrankheit.
Tomatendächer sind aber oft feste Bauwerke, unter denen die Tomaten jahrzehntelang im selben Boden wachsen müssen und immer ein klein bisschen weniger tragen, weil der Boden tomatenmüde wird. Wenn Sie kein transportables Tomatendach haben, können Sie trotzdem unter Ihrem festen Dach für pflanzliche Abwechslung und für Futter fürs Bodenleben sorgen. Ein quirliges Bodenleben und viele verschiedene Pflanzenwurzeln sind das beste Mittel gegen müde Böden. Dabei darf es aber oberirdisch nicht zu eng werden, es muss immer luftig bleiben. Da Tomaten viel Luft brauchen, sind offene Dächer optimal, die nur im Westen heruntergezogen sind, so dass der Regen nicht hereinschlägt. Hier finden Sie vier Anregungen, wie Sie Ihre Tomaten auch unter Dach jedes Jahr aufs Neue mit guten Nachbarn verwöhnen können. Wechseln Sie öfter mal ab, und sorgen Sie dafür, dass die Nachbarn die Tomaten nicht zu sehr bedrängen.

1. BEET Stellen Sie im März die Tomatenstäbe im Abstand von 60 cm auf, und säen Sie breitwürfig Ringelblumen dazwischen. Säen oder pflanzen Sie im Abstand von 25 cm vor den Stäben eine Reihe Petersilie, auch Wurzelpetersilie oder Möhren eignen sich.
Ab Mitte Mai pflanzen Sie die Tomaten in die Ringelblumen, die sie immer so ausdünnen, dass sie die Tomaten nicht stören. Vielleicht möchten Sie auch etwas Tagetes pflanzen. Im August/September können Sie die Samen der Ringelblumen gleich noch einmal als Gründüngung unter die Tomaten säen.

2. BEET Stellen Sie ab März die Tomatenstäbe im Abstand von 1,20 m auf, und säen Sie breitwürfig Senf aus. Etwa 15 cm vor oder hinter den Stangen hätte eine Reihe Schnittsalat Platz, wenn Sie möchten. Ab Mitte Mai hacken Sie den Senf – wo er stört – weg und setzen die Tomaten. In die Mitte zwischen den Tomaten legen Sie jeweils einige Gurkensamen. Gurken und Tomaten bringen im Freiland und unter luftigen Tomatendächern gemeinsam höhere Erträge, im Gewächshaus machen sie sich bei engem Stand gegenseitig fertig. Im September, wenn die Gurken schlapp machen, säen Sie Phacelia oder Melde.

3. BEET Stellen Sie im März die Tomatenstäbe im Abstand von 60 cm auf, und säen Sie im Abstand von 25 cm hinter den Stangen eine Reihe Kamille, im Abstand von 10 cm hinter den Stangen eine Reihe Ackerbohnen und im Abstand von 20 cm vor den Stangen Spinat. Vielleicht möchten Sie auch einige Schnittlauchpflanzen 25 cm vor den Stangen setzen. Ab Mitte Mai hacken Sie Puffbohnen und Spinat ab, lassen sie als Dünger liegen und setzen die Tomaten. Säen Sie etwas niedrig bleibende Kapuzinerkresse zur ehemaligen Spinat-Reihe, sie hilft gegen Schnecken. Ab Anfang September können Sie Feldsalat, Rucola und Schnittsalat unter die Tomaten säen.

4. BEET Stellen Sie im März die Tomatenstäbe im Abstand von 60 cm auf, und säen Sie breitwürfig Weißklee. 25 cm vor den Stäben stecken Sie eine Reihe Knoblauch im Abstand von 15 cm, ab und zu lassen Sie 30 cm Platz für Basilikum. Ab Mitte Mai pflanzen Sie Tomaten und Basilikum. Ab November können Sie den Weißklee hacken und liegen lassen. Oder Sie lassen ihn bis Mai wachsen, dann ist das Abhacken kraftaufwändiger – die Tomaten im nächsten Jahr freuen sich aber über den feinen Dünger.

MUSTERBEETE FÜR EXPERIMENTIERFREUDIGE

IMMER FRISCHE SALATE ERNTEN

Das ganze Jahr über grüne Blätter ernten? Außer bei Frost und Schnee ist das im Freiland möglich, wenn man die richtigen Sorten zur richtigen Zeit wählt. Über den Winter gibt's bei mir das typische Wintergrün wie Kresse, Winterportulak, zarte Grünkohlblätter, in Scheiben geschnittene Rosenkohlröschen, Winterkresse, Schnittkohl, Feldsalat, Spinat, Chicorée und Vogelmiere.

Aussaat

Ich säe von März bis September alle 2 bis 4 Wochen Salat. Im März säe ich den Salat noch ins Frühbeet und pflanze ihn später um. Ab Mitte April säe ich möglichst direkt an Ort und Stelle, denn die direkt ins Beet gesäten Pflanzen sind trockenheitsresistenter und schießen nicht so schnell, da sie tiefer wurzeln. Wenn im Beet noch kein Platz ist, ziehe ich die Salatpflanzen im Aussaatbeet oder in anderen Reihen mit vor und pflanze sie in einer Regenperiode um.

Jungpflanzenanzucht von Romanasalat im Anzuchtbeet

Sorte und Aussaatzeitpunkt

Aussaatzeiträume sind stark sortenabhängig. Beim Kopfsalat gibt es Sorten für den frühen Freilandanbau. Sie bilden bei Kälte und wenig Licht schöne Köpfe, im Sommer würden sie kopflos schießen. Den Sommersorten ist es im Frühling zu kalt und zu dunkel zum Wachsen, sie brauchen Sonne und Wärme zur Kopfbildung, schießen dafür aber nicht so leicht. Frostharte Wintersorten sät man im Herbst, so dass sie mit 6 bis 8 Blättern in den Winter gehen – so überstehen sie starken Frost und wachsen im Frühling weiter. Ich lasse immer ein paar davon blühen und aussamen, so dass ich immer Wintersalat habe. Es gibt auch Sorten fürs ganze Jahr. Diese Unterschiede gibt es nicht nur beim Kopfsalat, auch bei Eissalat-, Endivien-, Spinat-, Feldsalat- und Radicchio-Sorten lohnt sich genaues Hinschauen. Die Infos stehen auf der Samenpackung.

Winterharte Sorten

Kopfsalat 'Maikönig', 'Maiwunder', 'Merveille de quatre saisons', 'Roter Butterhäuptl Maribor', 'Nansen's Noordpool', 'Winterbutterkopf', 'Wintermarie', 'Wintersalat Bunter Kaufunger'

Spinat 'Andromeda F1', 'Matador', 'Monnopa', 'Nobel', 'Verdil', 'Winterriesen'

Feldsalat 'Dunkelgrüner Vollherziger', 'Favor', 'Gala', 'Verte à coeur plein 2', 'Vit', 'Volhart 3'

Radicchio und Endivien für die Herbsternte

AUSSSAAT- UND ERNTEZEITEN FÜR SALATE IM BEET

Pflanze	Aussaat	Ernte
Asiasalat-Mischungen	März/April und August/September	April/Mai und September bis Dezember
Bataviasalat	Mitte März bis Anfang August	Mitte Mai bis Mitte Oktober
Chicorée	Mitte bis Ende Mai	November bis Januar
Chinakohl	Mitte Juli	Ende September bis November
Eichblattsalat	März bis August	Mai bis Oktober
Eissalat (frühe Sorten)	März bis August	Juni bis Oktober
Eissalat (Sommersorten)	Mai bis Ende Juni	August bis Oktober
Endivie (Sommersorten)	Juni/Juli	August bis Oktober
Endivie (Wintersorten)	erste Julihälfte	Oktober bis November
Endivie (Schnitt-)	Mitte März bis Ende Juni	Mai bis Dezember
Feldsalat (Frühanbau)	März bis April	April/Mai
Feldsalat (Herbsternte)	Ende Juli bis Mitte August	September bis Oktober
Feldsalat (Winteranbau)	Mitte August bis September	November bis April
Gemüsemalve	Juli	August bis Oktober
Hirschhornwegerich	April bis August	Mai bis Mai
Kopfsalat (Frühanbau)	März bis April	Mai bis Juni
Kopfsalat (Sommeranbau)	April bis Juni	Juni bis September
Kopfsalat (Winteranbau)	August bis September	April/Mai
Pflücksalat	März bis Anfang September	April bis Oktober
Radicchio (Sommersorten)	Ende Mai bis Mitte Juli	September
Radicchio (Herbstsorten)	Mitte Juni bis Mitte Juli	Oktober bis November
Radicchio (Winteranbau)	Mitte Juli bis Anfang August	März bis April
Romanasalat	Mitte März bis August	Mai bis Oktober
Rucola	März/April und August/September	April bis Juni und September bis Dezember
Schnittsalat	März/April und September	April/Mai und Oktober
Schnittzichorie	Anfang April bis Ende Juli	Mai bis Mai
Sommerportulak	Mitte Mai bis August	Juni bis Oktober
Spinat (Frühanbau)	März/April	April/Mai
Spinat (Herbstanbau)	August/September	September/November
Spinat (Winteranbau)	September	Oktober bis März
Zuckerhut	Mitte Juni bis Mitte Juli	September bis Dezember

GRÜNDÜNGUNG ALS VOR- ODER NACHSAAT

Vorsaaten säe ich ab März und hacke sie ab, sobald sie das Gemüse stören. Nachsaaten säe ich im Herbst nach dem Gemüse.

Was ist zu tun von Frühling bis Winter?
Kompost bringe ich vor der Saat der Vorsaaten auf, dann keimen die Samen aus dem Kompost gleich mit. Sobald ich Gemüse säen möchte, hacke ich die Vorsaaten samt Beikräuter ab, lasse alles in der Sonne trocknen und reche es etwas zur Seite. Wenn ab August Reihen frei werden, wachsen Nachsaaten noch gewaltig. Später ab Mitte September bis Anfang Oktober lohnt die Aussaat, die Pflanzen bleiben aber klein. Im Idealfall friert die Gründüngung über Winter ab, so dass ich im Frühling die Reste beiseiteziehen und in wunderbar krümeligen Boden säen kann. Die Pflanzen in der Tabelle eignen sich prima als Gründüngung im Gemüsegarten.

Ackerbohne Ihr weiches Gewebe ist das Lieblingsfutter des Bodenlebens, wenn man sie als Vorsaat in einer Höhe von 30 cm abhackt. Die tiefwurzelnde Leguminose sammelt mit ihren Knöllchenbakterien Stickstoff aus der Luft und ist daher eine geniale Vorsaat für Tomaten oder andere Starkzehrer, die erst ab Mitte Mai gesät oder gepflanzt werden.

Phacelia Die schönste aller Gründüngungen passt immer in die Fruchtfolge, da sie mit keinem Gemüse verwandt ist. Die zarten Pflanzen lassen sich sehr leicht abhacken und verrotten schnell. Wer sie noch im August sät, darf sich am betörenden Duft der Blüten und den vielen Insekten erfreuen. September-Aussaaten blühen nicht mehr, schützen den Boden aber sehr gut.

Gelbsenf Die schnellste aller Gründüngungen bildet innerhalb von 2 Wochen einen grünen Teppich. Bevor das Gemüse in den Boden kommt, hacke ich die 5 bis 15 cm hohen Senfpflanzen ab. Die Blätter sind essbar. Bei Herbstaussaat zerfallen die erfrorenen Pflanzen im Frühling. Einige Sorten des Gelbsenfs werden als Nematodenkiller verkauft: Sie locken Rübenzystenälchen an und lassen sie dann verhungern. Rübenzystenälchen saugen an den Wurzeln von Kohlarten, Roter Bete und Mangold, so dass die Pflanzen schlecht wachsen. An normalen Gelbsenfsorten kann das Rübenzystenälchen sich aber vermehren. Gelbsenf ist ein Kreuzblütler und überträgt Kohlhernie. Normalerweise sollte man ihn im Garten wegen der Fruchtfolge nicht so häufig einsetzen. Nach langjährigen Erfahrungen vieler Mischkulturgärtner wirkt sich der kurzzeitige Zwischenanbau von Gelbsenf in der Fruchtfolge jedoch nicht negativ auf andere Kohlgewächse aus. Dazu muss man ihn aber abhacken, wenn er noch klein ist. Auf Böden, die mit Kohlhernie verseucht sind, sollte man ihn nicht verwenden.

Sandhafer Ähnlich wie Tagetes reduziert die Sandhafersorte 'Pratex' frei lebende Pratylenchus-Nematoden, allerdings nicht ganz so stark. Der Sandhafer wächst jedoch viel einfacher als der Schneckenmagnet Tagetes, unterdrückt das Unkraut sehr gut und passt von der Fruchtfolge her immer ins Gemüsebeet. Wer nur Sandhafer sät, braucht 12 g Samen/m². Die Mischung Sandhafer mit Phacelia sieht wunderschön aus.

Inkarnatklee (links) sammelt Stickstoff, Sandhafer (rechts) killt Nematoden.

GRÜNDÜNGERPFLANZEN RICHTIG AUSSÄEN

Pflanzen	Aussaatmenge pro m²	Aussaatzeitpunkt als Vorsaat	Aussaatzeitpunkt als Nachsaat	Friert im Winter ab
Ackerbohne	40 Samen	ab Mitte Februar	im August	ja
Alexandrinerklee	5 g	ab März	Anfang August	ja
Buchweizen	10 g	-	bis Ende August	ja
Gelbsenf	2 bis 5 g	ab März	bis Ende September	ab -7 °C
Inkarnatklee	3 g	ab März	-	nein
Ölrettich	4 g	-	bis Mitte September	ab -11 °C
Perserklee	3 g	ab März	bis Mitte August	ja
Phacelia	1 bis 4 g	April	bis Mitte September	ab -8 °C
Ramtillkraut	1 g	-	bis Mitte August	ja
Sandhafer	12 g	-	Mitte Juli bis Ende August	ja
Sommerwicke	10 g	ab März	im August	ja

8 Musterbeete für Experimentierfreudige

Hier tauchen unkonventionelle Gemüsearten und Anbauformen auf, die sich richtig lohnen. Alles, was mehr Arbeit als Ertrag bringt, habe ich weggelassen.

Papp-Ideen

Die jährliche Abdeckung mit Pappe und Rasenschnitt spart übrigens auch viel Jätarbeit unter Beerenobst und Ziersträuchern oder über den Sommer zwischen größeren Stauden.

Die Beete gleichen von Größe und Ausrichtung her den Beeten für Anfänger. Auch hier stimmt die Fruchtfolge, wenn man ein Beet nach dem anderen verwirklicht. Bevor es aber überhaupt losgeht, erfahren Sie, wie aus Rasen oder einer länger nicht mehr gepflegten Beetfläche mit möglichst wenig Krafteinsatz ein fruchtbares Gemüsebeet wird.

NEUES BEET OHNE ANSTRENGUNG

Im Herbst oder sehr frühen Frühling mähe ich die Fläche kurz ab. Ist der Boden darunter gemüsetauglich und nährstoffreich – das erkenne ich an Zeigerpflanzen wie Löwenzahn, Brennnessel, Kletten-Labkraut oder Vogelmiere – lege ich 1 bis 2 Lagen Pappe darauf. Die Pappe nehme ich

1

2

3

von großen Pappkartons, die ich auseinanderklappe und sorgfältig vom Paketband befreie. Die Pappen liegen am Schluss so dicht, dass nirgends mehr ein Blatt durchwachsen kann. Obenauf kommen ein paar dicke Steine, etwas Kompost, Rasenschnitt, Laub und anderes, was gut verrottet und die Pappen so versteckt, dass die Amseln sie auf ihrer Suche nach Regenwürmern nicht sofort zerfetzen. Mitte bis Ende Mai, wenn unter der Pappe alles gelb ist, grabe ich Löcher in die Pappschicht und lege Kartoffeln hinein (Abstand 30 x 75 cm). Sie beschatten die Fläche über Sommer, so dass das Bodenleben gut arbeiten kann. Nach der Kartoffelernte säe ich Phacelia und Sandhafer.

WURZELUNKRÄUTER VERDUNKELN

Ist das Land völlig mit Giersch-, Quecken-, Schachtelhalm-, Ackerkratzdistel- oder Brombeerwurzeln durchwuchert, verdunkle ich ein Jahr länger mit Pappen und sehe zu, dass nicht das geringste Grün das Licht der Welt erblickt, damit die unterirdischen Rhizome verrotten. Danach mache ich mit den Kartoffeln weiter.

VERDICHTUNGEN AUFLÖSEN

Ist der Boden verdichtet – das erkenne ich beispielsweise an Breitwegerich, Vogelknöterich, Kriechendem Hahnenfuß, Schachtelhalm oder Ackerkratzdistel – lockere ich mit der Grabgabel so tief wie es geht, bringe 3 bis 5 cm hoch Kompost auf und decke dann Pappen und dick Mulch darüber. Wenn die Verdichtungen nicht zu schlimm waren, habe ich mit den Kartoffeln und der nachfolgenden Gründüngung Erfolg. Zum Aufbrechen stärkerer Verdichtungen brauche ich nach den Kartoffeln eine Gründüngung aus Ackerbohnen, Ölrettich und Lupinen, die vor dem Indianer-Beet (Seite 66) nicht in die Fruchtfolge passt. Deshalb starte ich danach mit Beet 5 (Seite 74), ersetze aber den Blumenkohl durch Sellerie. Sind die Verdichtungen immer noch da, und das Gemüse will nicht wachsen, kann man es noch ein Jahr lang mit einer tief lockernden Ganzjahresgründüngung versuchen. Dazu eignen sich Sonnenblumen, Leinsamen, Luzerne und Gemüsemalven. Wenn das nicht klappt, kann ich ein Hochbeet bauen – das macht zwar viel Arbeit, aber danach arbeitet sichs behaglich.

1. Wo mein Gemüsebeet entstehen soll, decke ich den Rasen mit Pappe ab, damit die Pflanzen darunter eingehen.

2. Kompost enthält Bodenleben. Es sorgt für einen krümeligen Boden.

3. Stroh zersetzt sich schwer, sorgt aber für viel Luft fürs Bodenleben.

INDIANER-BEET

PFLANZEN IM BEET

Basilikum
Gründüngung
Kürbis
Phacelia
Stangenbohne
Zucchini
Zuckermais

Mit Kürbis ist dies das traditionelle Maya-Beet. Wenn Sie innerhalb des Beetes um 60 cm weiterrutschen, können Sie es 2 Jahre lang am selben Platz lassen.

WAS MACHE ICH WANN?

März/April Falls noch Gründüngung vom letzten Jahr keimt, lasse ich sie wachsen. Wenn nicht, säe ich neue Gründüngung aus (siehe Seite 63).

Mai Etwa am 6. Mai hacke ich in der Mitte des Beetes einen 60 cm breiten Streifen frei, lasse die Pflanzen vertrocknen und ziehe sie später zur Seite. Der Rest der Gründüngung kann wachsen, bis er stört. Etwa am 9. Mai säe ich den Zuckermais in der Mitte des Beetes in Vierertuffs. Im Tuff selber haben die Samen 20 cm Abstand. Die Tuffs haben jeweils einen Abstand von 120 cm. Damit am Schluss 4 kräftige Pflanzen pro Tuff wachsen, säe ich ein paar Samen zu viel und jäte später die schwachen. Sobald der Mais 20 cm hoch ist, säe ich im Abstand von 15 cm rund um den Maistuff etwa 6 Stangenbohnensamen und lasse 4 Pflanzen davon wachsen. Nun können auch die verschiedensten Kürbisgewächse zwischen die Maistuffs. Bei den Gurken säe ich 2 bis 3 Tuffs zu je 2 Samen in einen Mais-Zwischenraum, bei den Zucchinis einen

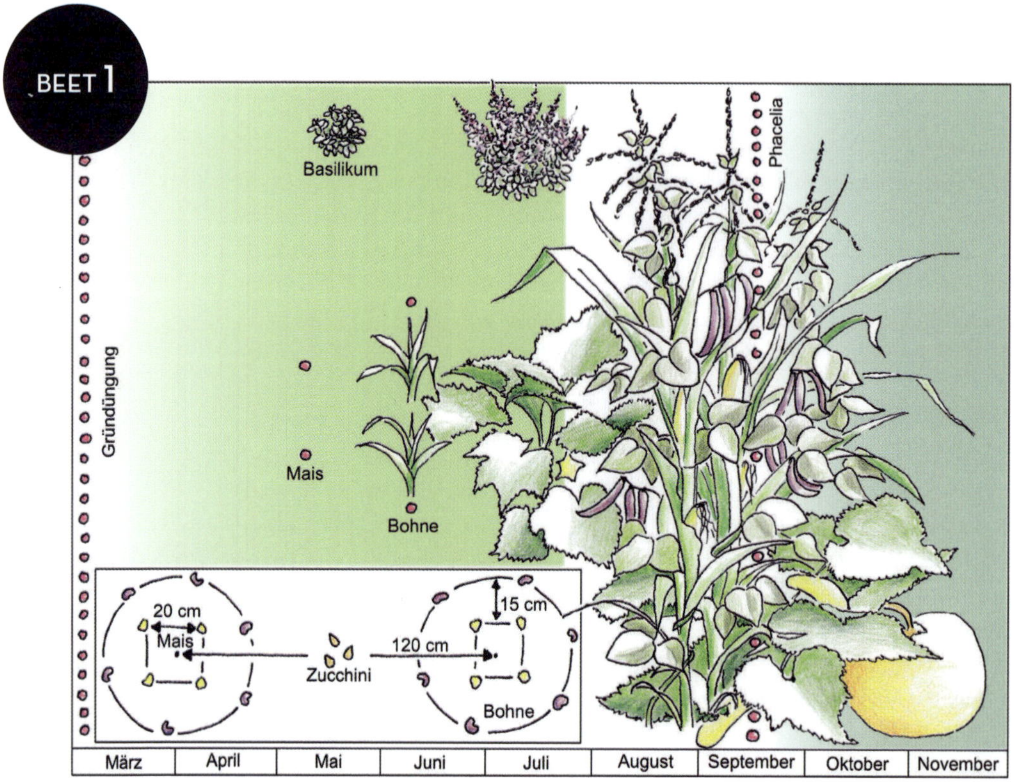

Tuff mit 3 Samen, und den Kürbispflanzen lasse ich jeweils 2 bis 3 Mais-Zwischenräume, je nach Sorte. Am Rand pflanze ich etwas Basilikum. Wenn man den Mais im Haus vorzieht und Mitte Mai pflanzt, ist das ganze Beet etwas früher dran.
Juli/August Ich ernte die Bohnen alle 2 bis 3 Tage durch. Sobald oben am Maiskolben die Narbenfäden vertrocknen, ist auch der Zuckermais erntereif. Die Körner sind dann innen noch weich und milchig. So schmeckt er am besten.
September Sobald ich die ersten Pflanzen abgeräumt habe, säe ich an den freien Stellen Phacelia aus.

'Uchiki Kuri', Bantam-Mais und 'Blauhilde' im Maya-Beet

GUTE PARTNER

Mais und Leguminosen brachten weltweit in wissenschaftlichen Versuchen beim gemeinsamen Wachstum sehr viel mehr Ertrag als im Einzelanbau, das galt für Erbsen ebenso wie für Ackerbohnen, Buschbohnen und Stangenbohnen. Wer Stangenbohnen um Zuckermais winden lässt, muss auf die richtigen Sorten, Aussaatzeitpunkte und Pflanzabstände achten, damit die Bohnen den Mais nicht überwuchern, denn bei zu engem Wuchs sinken die Erträge. Gurke, Zucchini und Kürbis beschatten den Boden. Auch sie brachten gemeinsam mit Mais und Leguminosen höhere Erträge.
Stangenbohne Zum Umwachsen von Mais eignen sich die mannshohen Reiserbohnen wie 'Cherokee Trail of Tears', aber auch schwach wachsende Stangenbohnen wie 'Neckargold', 'Neckarkönigin' und 'Blauhilde' passen gut. Ich schneide sie zurück, wenn sie zu hoch werden, dann verzweigen sie sich unten wieder. Besonders mag ich die 'Blauhilde', denn die Schnecken lassen sie links liegen. Feuerbohnen sind bei mir zu starkwüchsig, die säe ich lieber an ein stabiles Gerüst.
Maissorten Fürs Indianer-Beet nehme ich standfeste, hohe Sorten. Super geeignet ist die robuste, 2 m hoch wachsende Sorte 'Golden Bantam', bei der die süßen Kolben über mehrere Tage reifen. Die drei extrasüßen Sorten 'Damaun', 'Mezdi' und 'Tramunt' wachsen 180 cm hoch und werden nacheinander reif, sobald 'Golden Bantam' geerntet ist. Wer bunte Kolben liebt, kann 'Rainbow Inca', 'Oaxacan Green' oder 'Bloody Butcher' anbauen, sie wachsen hoch, schmecken unreif ziemlich süß und werden bunt, wenn sie ausreifen dürfen.
Kürbis Alle Sorten eignen sich. Die starkwüchsigen Sorten brauchen neben dem Beet noch Platz zum Wuchern, z. B. auf dem Rasen oder durch robustes Gemüse hindurch. Der orangefarbene Hokkaido 'Uchiki Kuri' ist mein Favorit.

Unser Lieblings-Hokaido-Kürbis 'Uchiki Kuri"

ERBSE-MÖHRE-KOHL-RETTICH-BEET

PFLANZEN IM BEET

Chinakohl
Fenchel
Gemüsemalve
Grünkohl
Kerbel
Knoblauch
Mairübe
Möhre, frühe
Pak Choi
Radieschen
Rettich
Rucola
Schnitt- und Pflücksalate
Zuckererbse

Hier gibt es viele Möglichkeiten, mit den Gemüsearten zu jonglieren, da die Fruchtfolge viel zulässt. Im Hochsommer ist auf diesem Beet Schichtwechsel.

WAS MACHE ICH WANN?

Anfang April 20 cm vom Rand entfernt säe ich die Zuckererbsen-Reihe. 35 cm weiter kommt die Rucola-Reihe. Da ich nicht eine ganze Reihe Rucola brauche, teile ich die Reihe und säe auch Mairüben, Radies und Rettiche aus. Wegen der Kohlerdflöhe säe ich Schnitt- oder Pflücksalate dazwischen, wegen der Schnecken Kerbel. 15 cm vom anderen Rand entfernt stecke ich alle 30 cm eine Knoblauchzehe und säe dazwischen eine frühe Möhrensorte aus. Die Samen bestreue ich mit Rainfarnpulver (siehe Seite 73). 25 cm weiter innen folgt eine Salat-Reihe, die ich auch teile, damit ich verschiedene Salate säen kann. Probieren Sie doch einmal eine Misticanza-Mischung mit dem leicht salzig schmeckenden Hirschhornwegerich oder alte Salatsorten wie Hirschzunge oder Forellensalat.

Juli Das Beet ist allmählich abgeerntet. Auf der Erbsenseite bringe ich 2 cm dick Kompost auf und bepflanze 25 cm vom Rand entfernt einen Teil der Reihe mit Grünkohl, den anderen Teil mit Chinakohl, beide mit 40 cm Abstand. Wenn ich den Grünkohl mit 60 cm Abstand pflanze, passen noch Salate dazwischen. 45 cm weiter innen pflanze ich Fenchel im Abstand von 30 cm, in einem Teil der Reihe säe ich Gemüsemalven aus. 15 cm entfernt vom anderen Rand säe ich Winterrettiche mit etwas Rainfarnpulver gegen die Rettichfliege. Von Mitte Juli bis Anfang August kann ich in einen Teil der Reihe auch Pak Choi säen oder ab August die großen Daikon-Rettiche.

Oktober Außer dem Grünkohl ernte ich alles bis zum ersten starken Frost.

Hirschhornwegerich

GUTE PARTNER

Salat, Rucola, Erbse und Möhre brachten in Versuchen beim gemeinsamen Wachstum Mehrerträge.
Die Salate halten den Kreuzblütlern die Kohlerdflöhe vom Leib. Die kleinen Kreuzblütler vertragen sich prima mit den Erbsen und sind erntereif, bevor diese sich breitmachen.
Der Stickstoff, den die Erbsen

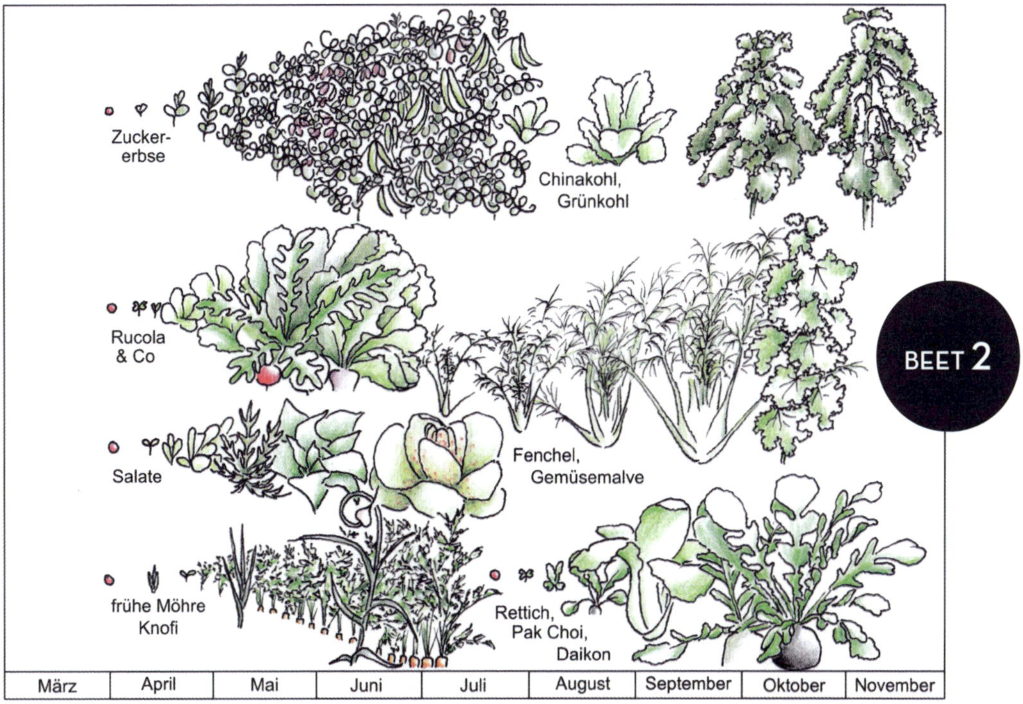

sammeln, kommt später den starkzehrenden Kohlgewächsen zugute. Der Knoblauch verscheucht die Möhrenfliege und brachte in Versuchen gemeinsam mit Erbsen und Salat höhere Erträge.

Chinakohl Für sein schnelles Wachstum braucht er einen tiefgründigen, humosen Boden und immer ausreichend Nährstoffe und Wasser. Jungpflanzen zieht man am besten in Töpfen an, weil Chinakohl das Umpflanzen schlecht verträgt. Manch alte Sorte darf man erst ab Mitte Juli säen.

Gemüsemalve Sie wächst problemlos und samt sich gern selber aus. Die jungen Blätter landen bei mir regelmäßig im Salat und Gemüse, da sie dem Verdauungssystem sehr schmeicheln. Früher hieß es: „Malve im Gemüsegarten, lässt den Doktor draußen warten."

Rucola Die späten Aussaaten im August gedeihen bei mir am besten, denn sie blühen nicht und bilden bis zu den ersten starken Frösten nach jedem Schnitt wieder Blätter. Je besser Rucola mit Wasser versorgt ist, desto zarter und milder schmeckt er.

Pak Choi Er ähnelt dem Mangold, schmeckt aber wie Chinakohl. Man sät ihn in der zweiten Julihälfte und erntet 7 bis 9 Wochen später.

Kerbel Falls er bei heißem Wetter zu schnell in Blüte geht, schmecken auch die Blüten.

Winterrettich Wer die robusten, scharfen schwarzen Winterrettiche nicht mag, kann es mit Daikon-Rettich probieren. Die großen, weißen Rüben aus Japan sind herrlich mild. Aber auch viele andere Rettichsorten eignen sich für die Saat im Juli/August.

Daikon-Rettich

YACON-BEET

PFLANZEN IM BEET

Borretsch
Gartenmelde
Kohlrabi
Puffbohne
Riesen-Gänsefuß
Rote Bete
Schnitt- und Pflücksalate
Yacon

Neben den Yacons wachsen Kohlrabi und Salat, die geerntet werden, wenn die Yacons Platz brauchen.

Dies ist eines der Beete, die über Sommer fast keine Arbeit machen. Man braucht für die Yacon-Pflanzen aber einen kühlen Keller zum Überwintern.

WAS MACHE ICH WANN?

März Ich ziehe den Mulch zur Seite und ernte den Grünkohl bald ab. 15 cm entfernt vom Rand säe ich in ein Drittel der Reihe farbige Gartenmelde. 25 cm entfernt vom anderen Rand säe ich frühe Puffbohnen im Abstand von 80 cm. Zwischen den beiden Reihen bringe ich 2 cm dick Kompost aus, säe breitwürfig Gelbsenf (grüne Fläche in der Zeichnung) und beriesele alles leicht mit feinem Mulch, damit der Kompost vor Austrocknung geschützt ist.
April Ich säe in den Rest der Melden-Reihe den Riesen-Gänsefuß sowie Schnitt- und Pflücksalate. In der Puffbohnen-Reihe pflanze ich immer zwischen 2 Puffbohnen einen frühen Kohlrabi. In die Lücken zwischen Kohlrabi und Puffbohnen säe ich entweder 2 Borretschsamen oder 5 bis 6 Rote-Bete-Samen mit 4 cm Abstand.
Mitte Mai Ich hacke den Senf samt Beikraut, lasse alles vertrocknen, ziehe es etwas zur Seite und hole die Yacon-Pflanzen aus dem Keller. In der Mitte des Beetes pflanze ich sie mit 60 cm Abstand. Erste, zarte Blätter der Gartenmelde sind schnittreif. Ich mulche alles, besonders die Yacons.
Juni/Juli Ich ernte Puffbohnen, Melde, Gänsefuß, Borretsch und Kohlrabis, wenn es zu eng wird. Die Rote Bete essen wir mit 4 cm Durchmesser.
Oktober/November Wenn die oberen Blätter der Yacons schwarz gefroren sind, schneide ich die Stängel ab und hole die Knollen aus dem Boden. Große, längliche Knollen ernte ich in Kisten, damit ich sie in der Küche zubereiten kann. Die kleinen, knubbeligen Knollen an den Stängeln schlage ich mit etwas Erde oder Sand ein und stelle sie zum Überwintern in den kühlen Lagerkeller.

GUTE PARTNER

Bei mir klappt die Mischkultur mit Melde, Riesen-Gänsefuß, Kohlrabi, Roter Bete, Salaten, Borretsch und Puffbohne prima. Auch Rucola wächst neben Yacon sehr gut.
Gartenmelde Es gibt sie in Grün, Gelb, Rot und Lila. Es sieht wunderschön aus, wenn man sie alle hat, die grüne wächst aber am besten. Die dicken, jungen Blätter eignen sich für

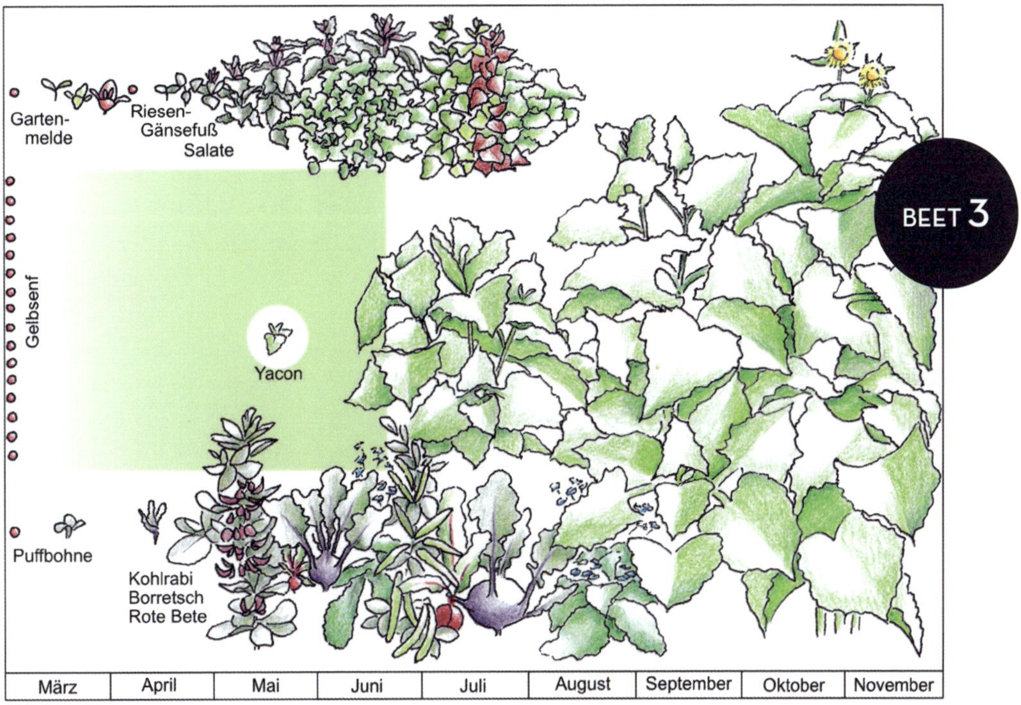

Spinat und Salate. Ich schneide die Pflanzen immer wieder zurück, dann treiben sie neu durch. Sobald sie blühen, schmecken die Blätter nicht mehr, die mannshohen Pflanzen bilden dann aber Tausende von Samen.

Riesen-Gänsefuß Man erntet und behandelt die Pflanzen genauso wie die Gartenmelde. Wer Melde und Gänsefuß aussamen lässt, findet später überall im Garten Sämlinge. Die Sämlinge des Riesen-Gänsefuß erkennt man leicht an ihrer violetten Mitte.

Yacon Die großen, dahlienähnlichen Knollen sind weich und schmecken süß wie Obst. Geschält essen wir sie als Rohkost zusammen mit Möhren und Mandeln vor den Mahlzeiten, oder ich schnipple sie in Obstsalate. Bei Kindern sind sie sehr beliebt.

Schnitt- und Pflücksalate

Die Schnittsalate sät man eng und schneidet sie, wenn sie etwa 12 cm hoch sind, in 2 bis 3 cm Höhe ab. Sie treiben dann noch zwei bis dreimal durch. Beste Erfahrungen habe ich mit der bunten Schnittsalatmischung von Dreschflegel gemacht, die man auch als Pflücksalat nutzen kann. Die Pflücksalate sät man weiter auseinander und pflückt die äußeren Blätter ab. Man kann sie auch auf 20 bis 30 cm vereinzeln und sie zu offenen Köpfen heranwachsen lassen, die man dann als Kopf schneidet.

Borretsch Die blauen Blüten begeistern mich immer von Neuem und schmecken super. Einmal etabliert, tragen die Ameisen die großen Samen überall hin, so dass man beim Jäten nur noch lenkend eingreifen muss.

Borretsch

Gartenmelde

Gänsefuß

KARTOFFEL-BEET NACH LANGERHORST

PFLANZEN IM BEET

Ackerbohne
Gelbsenf
Kartoffel
Phacelia

Kartoffelanbau ohne Anhäufeln, dafür aber mit viel Mulch. Die Idee kam aus den USA, wurde in Österreich weiterentwickelt und hat sich prima bewährt.

WAS MACHE ICH WANN?

März 10 cm von den Rändern entfernt und in der Mitte säe ich jeweils eine Reihe Ackerbohnen, dazwischen kommt breitwürfig Gelbsenf. Ende März keime ich die Kartoffeln in flachen Steigen sehr hell bei 12 bis 15 °C vor.

Mai Anfang Mai hacke ich den Senf ab, lasse ihn trocknen und ziehe ihn später zu den Ackerbohnen. Etwa ab 6. Mai markiere ich die Kartoffel-Reihen jeweils 30 cm entfernt vom Rand und hacke alle 40 cm ein etwa 10 cm tiefes Loch. Die Kartoffeln dürfen derweil 30 Minuten in Ackerschachtelhalmtee baden. Danach wälze ich sie in Steinmehl, lege sie in die Löcher und bedecke sie vorsichtig mit Erde. Nun bestreue ich den Boden zwischen den Ackerbohnen 2 cm hoch mit Kompost, darauf kommen alte Staudenstängel, darüber Grünschnitt aus wilden Ecken, dann Steinmehl und ganz oben leicht angetrockneter Rasenschnitt. Alles zusammen darf 15 bis 25 cm dick sein, es fällt später noch zusammen. Am Schluss

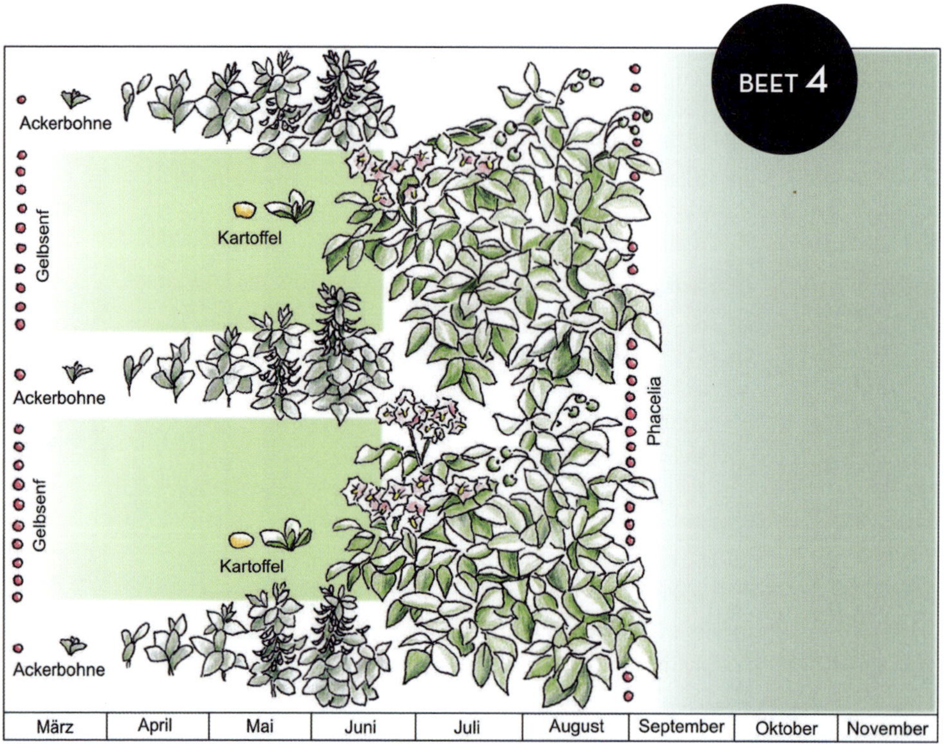

1

2

1. Der Rainfarn ist mit dem Pyrethrum verwandt und bei Insekten gefürchtet.

2. Im Juni ist Beet 4 frisch gemulcht, die Ackerbohnen verrotten schon.

kommt der restliche Schachtelhalmtee darüber. Die Ackerbohnen schneide ich ab, sobald sie blühen. Sie bleiben als Mulch liegen.

Juli Vorbeugend sprühe ich alle 14 Tage Schachtelhalmtee oder Zwiebelschalenjauche gegen die Krautfäule.

August/September Wenn das Kartoffelkraut komplett abgestorben ist, ernte ich einige Tage später bei trockenem Wetter. Danach ebne ich den Boden ein wenig, verteile den Mulch und das Kartoffelkraut gleichmäßig und säe Phacelia aus, die ich mit der Harke etwas in den Mulch rüttle. Darüber kommt ganz dünn Rasenschnitt, das hält die Feuchtigkeit.

GUTE PARTNER

Der Senf hält den Boden feucht und krümelig. Die Ackerbohnen sammeln Stickstoff, der später bei ihrer Verrottung den Kartoffeln zugutekommt. Warum hier Kartoffel neben Kartoffel steht? Kartoffeln kippen leicht um und begraben sämtliches Nachbargemüse unter sich, deshalb verteile ich sie ungern über alle Gemüsebeete. Lieber packe ich sie gemeinsam neben robuste Gemüsearten wie Yacon, wo sie nicht viel Unheil anrichten können. Die Phacelia nach der Kartoffelernte hält den Boden locker und holt Nährstoffe nach oben, die sonst über Winter ausgewaschen würden.

Rainfarn Die robuste Staude verträgt sich nicht gut mit Gemüse, deshalb steht sie bei mir im wilden Teil des Blumengartens. Der starke Duft des Rainfarns vertreibt Schädlinge – ist aber sehr wichtig für viele Falter.

Rainfarnpulver

Ich trockne Blätter und Blüten, zerreibe sie und streue das Pulver bei Bedarf zur Abwehr von Möhren- und Rettichfliegen aus. Auch Tee und Brühe wirken.

SCHALOTTE-MÖHRE-SCHWARZWURZEL-ZICHORIEN-BEET

PFLANZEN IM BEET

Chicorée
Dill
Haferwurzel
Möhre, späte
Schalotte
Schnittzichorie
Schwarzkümmel
Schwarzwurzel
Wintersalat

Schwarzwurzel

Haferwurzel

In diesem Beet stecken viele Köstlichkeiten, aber Schwarzwurzel, Chicorée und Schalotte machen auch viel Arbeit. Sie dürfen den Plan gerne vereinfachen.

WAS MACHE ICH WANN?

März Ich ziehe den Mulch vom Land und hacke das ganze Beet 1 cm tief durch, damit Unkrautsamen keimen und der Boden warm wird.
Anfang April 15 und 45 cm vom Rand entfernt stecke ich jeweils eine Reihe Schalotten mit einem Abstand von 15 cm. 15 cm vom anderen Rand entfernt viertele ich die Zichorien-Reihe und säe ins erste Viertel die Schwarzwurzeln, ins zweite die Haferwurzeln.
Mitte April Ins dritte Viertel der Zichorien-Reihe säe ich die Schnittzichorien. 45 cm entfernt vom Rand säe ich späte Möhren, wobei ich etwa alle 12 cm einen Dill- oder Schwarzkümmelsamen mit in die Reihe fallen lasse.
Mitte Mai Ins letzte Viertel der Zichorien-Reihe säe ich den Chicorée.
August Wenn bei den Schalotten das Laub fast abgestorben ist, ziehe ich sie aus dem Boden und lasse sie ein paar Tage draußen in der Sonne trocknen. Danach lagere ich sie im kühlen Keller. Mitte August säe ich den Wintersalat breitwürfig (etwa alle 5 cm einen Samen) über die Schalotten-Reihen.
Oktober/November Vor dem ersten starken Frost schlage ich die Möhren im kalten Keller in erdfeuchten Sand ein, die Chicorée topfe ich. Die winterharten Schwarz- und Haferwurzeln kann ich bis März ernten, Mäuse mögen sie aber auch. Die Schnittzichorie treibt im Frühling neue Blätter, bis sie in Blüte geht. Der Wintersalat wächst im Frühling weiter.
Januar Ich hole die großen Chicoréetöpfe aus dem Keller, stelle sie verdunkelt zum Treiben auf.

GUTE PARTNER

Schwarzwurzel und Schalotte wehren Möhrenfliegen ab, die Möhre hält die Zwiebelfliegen in Schach. Zwischen den Schalotten wächst nichts, da sie Licht und Luft lieben. Möhren und Salate bringen gemeinsam mehr Ertrag. Dill fördert die Keimung der Möhren.
Schwarzwurzel Der Boden muss tiefgründig locker sein, damit die Wurzeln gerade nach unten wachsen, das Schälen verzweigter Wurzeln ist nämlich Wahnsinn. Wenn kein Mäusefraß droht, ernte ich auf jeden Fall frisch, denn beim Ernten verletzte Wurzeln lassen sich kaum lagern. Unverletzt bekomme ich die langen Wurzeln aber schwer aus dem Boden.
Haferwurzel Verwandt mit der Schwarzwurzel, nicht ganz so lecker, aber viel robuster im Anbau, bringt die Haferwurzel oft Massenerträge. Man kann sie den ganzen Winter über frisch ernten und muss sie nicht schälen. Im Frühling schmecken die gebleichten Austriebe prima. Dazu häufele ich die Pflanzen etwas an und ernte die fri-

schen Triebe aus der Erde. Im zweiten Jahr blühen die Pflanzen und die Wurzeln werden zäh.

Schalotten Sie sind zwar kleiner als Zwiebeln, aber süßer und aromatischer. Ende März/Anfang April breche ich sie auseinander und stecke die größten, so dass die Spitze noch aus dem Boden schaut. Wer große Schalotten ernten will, bricht im Mai einige Tochterzwiebeln aus, die verbleibenden werden dann dicker. Schalotten lassen sich prima lagern.

Schnittzichorie Sie ist genial, denn sie liefert fast ganzjährig leicht bittere Salatblätter. Ich pflücke laufend zarte Blätter heraus, lasse aber die Herzblätter stehen. Im Frühling treiben neue Blätter, später blühen die Pflanzen dann und samen sich gern aus.

Chicorée Beim Ernten schneide ich die Blätter auf 2 cm Länge zurück. Sofort nach der Ernte topfe ich die Wurzeln relativ dicht nebeneinander in große Töpfe mit erdfeuchter Gartenerde und stelle sie sehr kalt auf, aber frostfrei (0 bis 1°C). Ab Januar stelle ich die Töpfe in den kühlen Hausflur (12 bis 18 °C), gieße und stülpe einen ebenso großen Topf als Verdunklung darüber. Wenn ich nach 4 bis 6 Wochen die ersten Pfeifen geschnitten habe, kann ich danach noch auf eine zweite oder sogar dritte Ernte hoffen.

Schwarzkümmel Er ist leicht anzubauen und nicht verwandt mit unseren Gemüsearten, so dass er überall in die Fruchtfolge passt. Die Kapseln sind im September reif und lassen sich leicht öffnen.

Zwiebelgewächse und Schnittzichorien mögen sich.

BEET 5

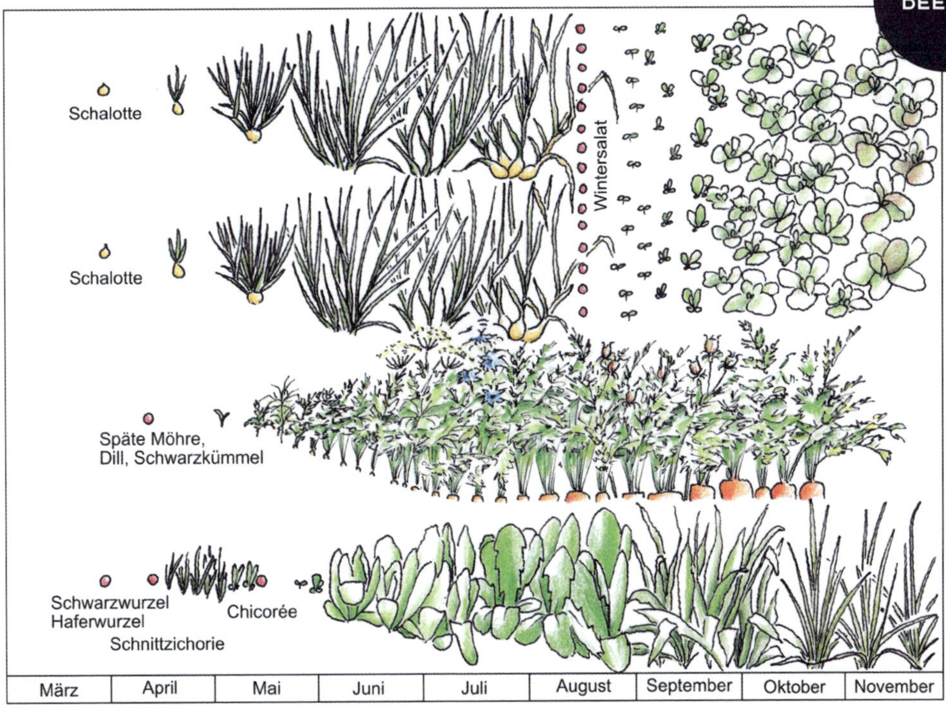

SELLERIE-BLUMENKOHL-LAUCH-PASTINAKEN-BEET

PFLANZEN IM BEET

Blumenkohl
Knollenfenchel
Knollensellerie
Palmkohl
Pastinake
Romanesco
Rotkohl
Spinat
Stangensellerie
Winterlauch
Wintersalate
Wurzelpetersilie

Mit Knoblauch und Feta schmeckt der Palmkohl himmlisch.

Dies ist eine Variation meines Lieblingsbeetes Sellerie-Lauch-Sellerie. Die Variation bringt viel Abwechslung, kann aber auch total vereinfacht werden.

WAS MACHE ICH WANN?

März Ich markiere 20 und 40 cm entfernt vom Rand 2 Reihen. In die äußere säe ich, wo schon abgeerntet ist, Pastinaken, in die innere säe ich Spinat.
April Bei der Salaternte vereinzele ich den Wintersalat (siehe Seite 60) auf 20 bis 30 cm Abstand. Außerdem essen wir fleißig Haferwurzeln und Schwarzwurzeln. Wo in der markierten Pastinaken-Reihe bis Mitte April etwas frei wird, säe ich entweder Wurzelpetersilie oder noch einmal Pastinaken. Die Schnittzichorie ernte ich laufend (siehe Beet 5).
Mitte Mai Spätestens jetzt räume ich alle Zichorien vom letzten Jahr völlig ab. Ich bepflanze den Rest der markierten Pastinaken-Reihe mit Knollenfenchel und Stangensellerie jeweils im Abstand von 30 cm. Der Wintersalat ist allmählich geerntet, so dass ich 25 cm entfernt vom Rand die Sellerie-Kohl-Reihe markieren kann. Ich pflanze alle 80 cm einen Knollensellerie, jeweils dazwischen kommen Blumenkohl, Romanesco, Palmkohl oder Rotkohl – je nach Bedarf. 55 cm entfernt von der Pastinaken-Seite pflanze ich Winterlauch im Abstand von 20 cm.
August Dort, wo Blumenkohl oder Romanesco reif wird, säe ich ab Ende August Schnittkohl oder Radies in die entstehenden Lücken (ist nicht im Plan eingezeichnet).
Oktober/November Sellerie, Palmkohl, Rotkohl, Radies, Fenchel und Stangensellerie ernte ich vor den ersten starken Frösten ab. Schnittkohl, Lauch, Pastinake und Wurzelpetersilie können für die Winterernte stehen bleiben. Besonders die Pastinake ist aber bei Wühlmäusen äußerst beliebt. Wenn ich Wühlmäuse fangen will, bestücke ich meine Kastenfallen (im Handel erhältlich) mit Pastinaken oder Topinambur – funktioniert super!

GUTE PARTNER

Sellerie und Blumenkohl mögen sich sehr, sie wachsen gemeinsam kräftiger als alleine. Der Sellerie hält den Kohlweißling etwas auf Abstand. Wer Probleme mit der Kleinen Kohlfliege hat, kann gleich im März etwas Weißklee zur Blumenkohl-Reihe säen, so dass die Blumenkohlfüße gut umwachsen sind. Der Lauch hält der Pastinake die Möhrenfliege fern, außerdem wurzelt er flach, die Pastinake dagegen tief.
Blumenkohl/Romanesco Beide brauchen eine optimale, gleichmäßige Nährstoff- und Wasserversorgung. Der Blumenkohl bildet bei Wärme nur Blätter, zur Blumenbildung braucht er ein paar kühle Tage.
Palmkohl Ab Juli bis zum ersten starken Frost ernte ich die zarten jungen Blätter, lasse das Herz aber zum Weiterwachsen stehen. Die Blätter schmecken zart nach Grünkohl.

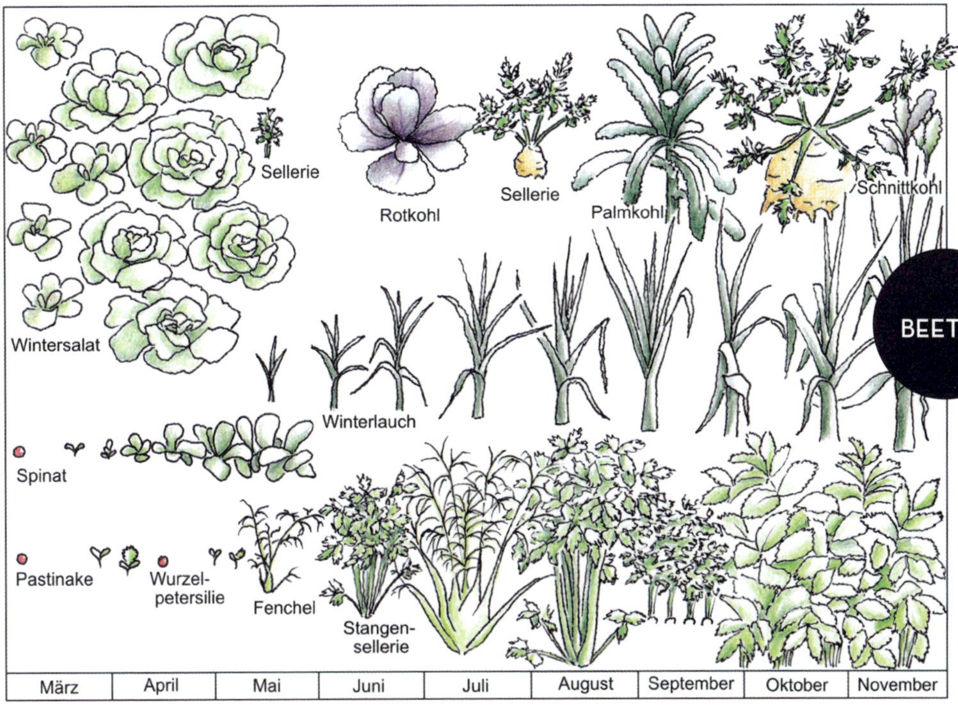

Knollensellerie, Winterlauch und Blumenkohl wachsen sehr gut miteinander.

Stangensellerie Die neuen, grünstieligen Sorten muss man nicht mehr tief pflanzen, damit sie zart bleiben, auch Umwickeln und Bleichen entfällt. So ist der Anbau einfach geworden. Ich schneide von August bis in den Winter hinein einzelne Stiele und Blätter als Würze für Eintöpfe und Salate.

Schnittkohl Der relativ frostharte, robuste Blattkohl schmeckt mild nach Kohlrabi. Ich ernte die Blätter, wenn sie 5 bis 7 cm lang sind. Im Frühling geht die Ernte bis in den April weiter.

Pastinake Die robusten, cremeweißen Wurzeln wachsen leicht. Am besten schmecken sie im Winter frisch aus dem Boden. Die Samen sind nur ein Jahr lang haltbar.

Wurzelpetersilie Sie ist in vielen Gärten heikel im Anbau, Fruchtfolge ist wegen der Wurzelpilze besonders wichtig. Der Geschmack selbst geernteter Wurzeln ist aber ein großer Genuss.

Knollenfenchel Hier ist eine neue, schossfeste Sorte (z. B. 'Zefa Fino') eingeplant, die man schon im Frühling säen kann. Sät man erst in der ersten Julihälfte wie auf Seite 68, eignen sich auch alte Sorten.

BABY BEETS-KOHLRABI-BOHNEN-BEET

PFLANZEN IM BEET

Baby Beets
Bohnenkraut
Buschbohne
Herbstrübe
Kohlrabi
Pflücksalat
Radicchio
Schnittkohl
Spinat
Steckrübe
Winterendivie
Winterportulak

Salat und Kohlrabi wachsen unheimlich gern zusammen.

Man kann dieses Beet über Winter noch nahrhafter machen, indem man Radicchio und Herbstrüben zum Überwintern wählt, was in milden Klimawandel-Wintern klappt.

WAS MACHE ICH WANN?

März Ich ernte laufend Schnittkohl (siehe Beet 6). Auf der anderen Seite des Beetes säe ich 15 und 30 cm vom Rand entfernt jeweils eine Reihe Spinat oder ernte Pastinaken und austreibenden Schnittsellerie.
Mitte April 15 cm entfernt vom Rand säe ich Rote Bete mit dem engen Abstand von 4 cm für Baby Beets. 35 cm und 75 cm vom Rand entfernt pflanze ich je eine Reihe Pflücksalat mit einem Abstand von 30 cm. In die Reihe zwischen die Pflücksalate kommt eine Riesensorte Kohlrabi (z. B. 'Superschmelz') – gepflanzt oder gesät. Der Schnittkohl aus Beet 6 kann allmählich weg.
Mitte Mai Ich ernte den Spinat soweit ab, dass ich 20 cm entfernt vom Rand die frühen Buschbohnen samt Bohnenkraut aussäen kann.
Juli Die Baby Beets sind erntereif, so dass ich von Anfang bis Mitte Juli Radicchio oder Winterendivien in die Reihe säen kann.
August Wo die Buschbohnen Anfang August abgeerntet sind, kann ich Steckrüben im Abstand von 50 cm pflanzen. Wo die Bohnen noch etwas stehen sollen, säe ich Mitte August Herbstrüben aus. Ich kann die Bohnen natürlich auch stehen lassen und auf eine zweite Ernte warten.
Mitte September Ich ernte die Kohlrabis nach Bedarf und säe schon einmal Winterportulak breitwürfig unter die Kohlrabis.
Oktober/November Vor den ersten starken Frösten sollte außer Winterportulak und eventuell winterharten Herbstrüben oder Radicchio-Sorten alles vom Beet sein.

GUTE PARTNER

Kohlrabi und Salat sind ein gutes Team, denn der Kohlrabi wächst in die Höhe und gibt dem Salat Sonnenschutz, der Salat beschattet den frei liegenden Wurzelraum des Kohlrabis und vertreibt Kohlerdflöhe. Bohnenkraut vergrault die Bohnenläuse. Kohlrabi und Rote Bete brachten in Versuchen gemeinsam mit Buschbohnen höhere Erträge als einzeln.
Kohlrabi Hier wächst eine der Riesensorten wie 'Superschmelz'. Die Knollen werden sehr groß, verholzen aber kaum. Man erntet von Juli bis November und kann sie dann noch recht gut lagern. Im Rest der vorgestellten Beetpläne wachsen „normale" Kohlrabis. Sie sind 6 bis 12 Wochen nach der Pflanzung erntereif und werden danach schnell holzig.
Radicchio Hier wächst 'Palla Rossa', eine Herbstsorte, die nur leichte Fröste verträgt. Ab Mitte Juli könnte man 'Rote von Verona' säen, eine Sorte, die in milden Wintern mit etwas Schutz überwintert und von

Februar bis April erntereif wird. Es gibt auch Sorten für den Anbau im Frühjahr.

Winterendivie Am besten wächst sie, wenn man sie in der ersten Julihälfte direkt ins Freiland sät, dann streckt sie ihre Pfahlwurzel 1,50 m tief in den Boden – die gepflanzten erreichen oft nur eine Tiefe von 35 cm. Da die Blätter bei –6 °C Erfrierungen bekommen, essen wir bis November alles auf oder decken die Pflanzen mit Laub zu.

Steckrübe Eine gelbe, leckere Sorte wie die 'Wilhelmsburger' – mit 10 bis 12 cm Durchmesser geerntet –, ist ein echter Leckerbissen. Die großen, weißen Viehfutter-Rüben schmecken dagegen original nach Kriegswinter. Die Rüben vertragen etwa –6 °C, wenn es kälter wird, kann man sie mit Laub oder Erde abdecken.

Herbstrübe Speiserüben wachsen unheimlich schnell und schmecken klein und zart geerntet recht gut. Viele Sorten sind frosthart, schmecken aber nach dem Durchfrieren nicht mehr so gut.

1

2

1. Radicchio 'Palla Rossa'

2. Für die 4 cm großen Baby Beets sät man die Rote Bete enger als sonst.

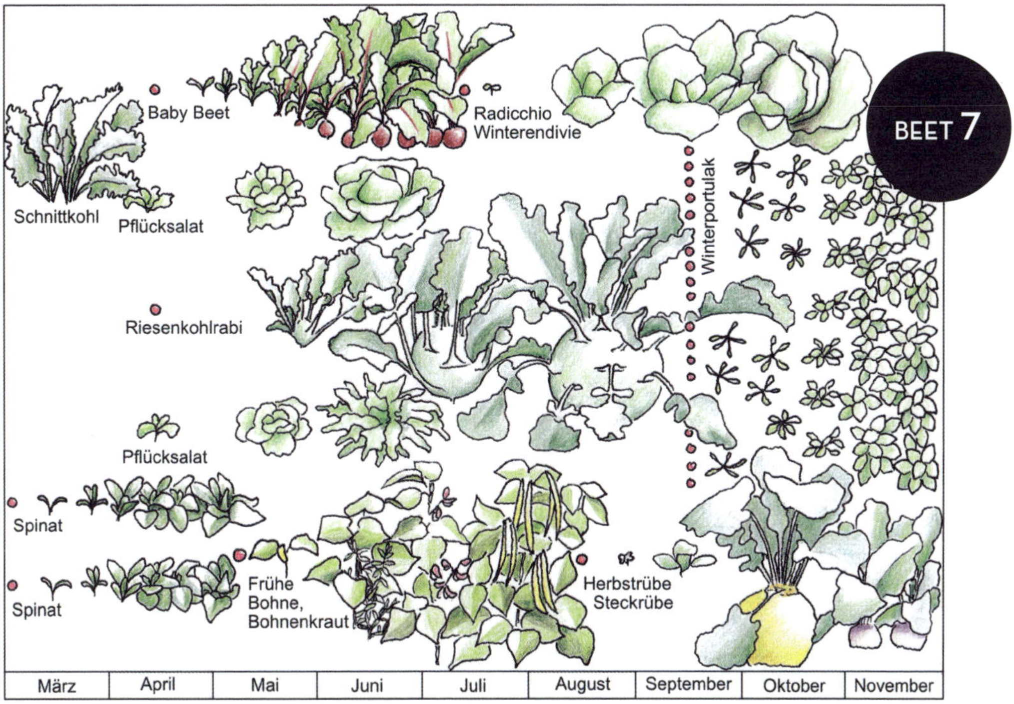

BUNTES TOMATENBEET

PFLANZEN IM BEET

Basilikum
Borretsch
Dill
Gurke
Kapuzinerkresse
Knoblauch
Mangold
Neuseeländer Spinat
Petersilie
Ringelblume
Stabtomate
Winterportulak
Winterroggen

Gaumen und Auge kommen hier voll auf ihre Kosten. Wenn Gurken oder Tomaten bedrängt werden, greife ich hart durch, denn beide brauchen viel Luft um sich.

WAS MACHE ICH WANN?

April Anfang April markiere ich 15 cm vom Rand entfernt eine Reihe für Mangold, Neuseeländer Spinat, Knoblauch und Kapuzinerkresse. Auf Höhe der Gurken stecke ich Knoblauchtuffs aus 5 bis 6 Zehen. Diese brauchen 10 cm Abstand. Mitte April säe ich in jede zweite Lücke zwischen den Knoblauchtuffs buntstieligen Mangold. Ende April hacke ich den Winterportulak (aus Beet 7 auf Seite 76).

Mitte Mai In der Mitte pflanze ich Stabtomaten mit 1,20 m Abstand und säe jeweils eine Gurke aus 2 bis 3 Samen dazwischen, wobei die Gurken dorthin sollen, wo im Indianer-Beet Mais und Bohnen wachsen werden (Beet 1 auf Seite 66). Unter die Tomaten säe ich breitwürfig Ringelblumen, die ich später kräftig vereinzele. Zwischen die Knoblauchtuffs pflanze ich einen Neuseeländer Spinat und eine Kapuzinerkresse. 15 cm entfernt vom anderen Rand markiere ich immer auf Höhe der Tomaten eine Pflanzstelle. Pro Pflanzstelle setze ich

BEET 8

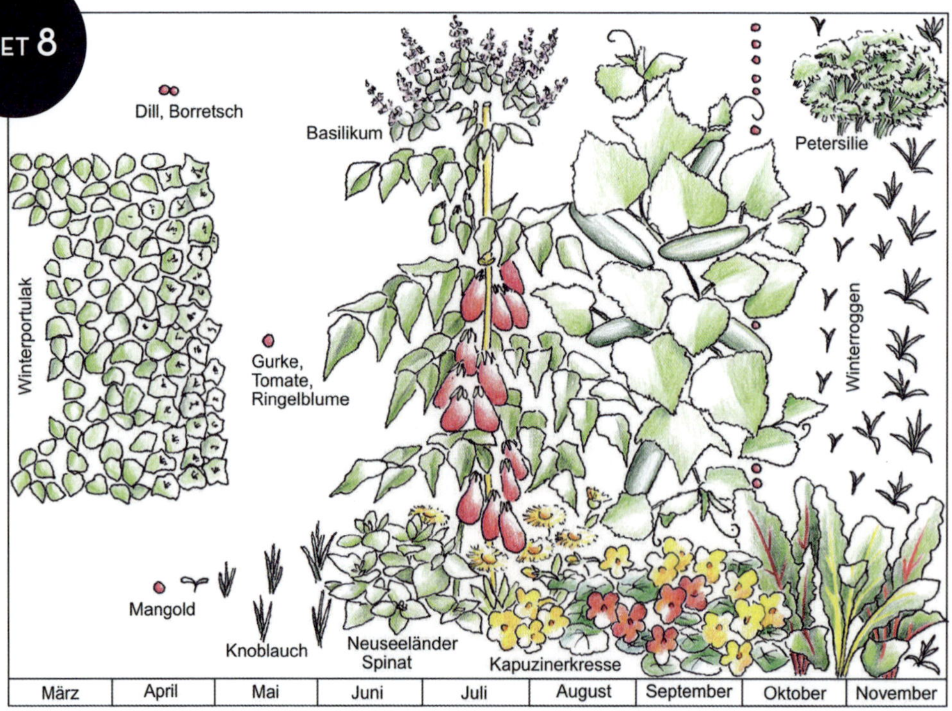

entweder eine Pflanze Basilikum, 2 Pflanzen Petersilie, oder ich säe etwas Dill oder Borretsch.
Sommer Regelmäßig geize ich die Tomaten aus, binde sie hoch und lenke die Gurkenranken. Borretsch, Ringelblume, Neuseeländer Spinat und Kapuzinerkresse bekommen die Schere zu spüren, was sie mit frischem Austrieb quittieren. Wenn der Knoblauch braun wird, ernte ich ihn.
Oktober Wer möchte, kann ab September bis 8. Oktober Winterroggen untersäen (300 Samen/m^2). Man kann ihn im nächsten Mai abhacken und mit dem Indianer-Beet (Beet 1) neu starten oder wachsen lassen. Eine Pause mit Getreide tut jedem Gemüsebeet ab und zu sehr gut.

GUTE PARTNER

Tomaten brachten im Freiland in wissenschaftlichen Versuchen gemeinsam mit Gurken, Knoblauch, Basilikum und Ringelblumen höhere Erträge als im Einzelanbau. Knoblauch steigerte die Qualität der Tomaten und brachte gemeinsam mit Gurken höhere Erträge. Die Ringelblume unterdrückte Alternaria-Pilze (Schimmelpilze) bei der Tomate. Petersilie soll das Aroma der Tomatenfrüchte verbessern. Die anderen Pflanzen halten den Boden unter den Tomaten bedeckt, was die Tomaten sehr mögen.
Mangold Ich liebe die buntstieligen Sortenmischungen (z. B. 'Bright Lights' oder 'Rainbow'). Sie sehen wunderschön aus und wachsen prima. In der Küche trenne ich Stiele und Blätter, friere die Blätter für später ein und verwende die Stielstückchen gerne in Gemüsekuchen.
Petersilie Wenn man die Jungpflanzen kauft, ist der Anbau kinderleicht: wachsen lassen und immer ein paar Blättchen ernten. In Salaten schmeckt die Krause Petersilie besser, in Eintöpfen die Glatte.
Kapuzinerkresse Sie vertreibt nicht nur Blattläuse an Pflanzen. Die scharf schmeckenden Blätter und Blüten wirken antibiotisch im Blasen-Nieren-Bereich und den Bronchien, vertreiben Candida-Pilze (Hefe-Pilze) und enthalten viel Vitamin C. Man kann sie nicht trocknen, sondern muss sie frisch essen – 40 g pro Tag reichen.
Winterroggen Man kann ihn Anfang Oktober noch als Gründüngung ausäen, er friert aber nicht ab, sondern wächst im Frühling weiter und ist im August schnittreif. Im August kann man dann Sandhafer aussäen, der über Winter abfriert. So bekommt das Gemüseland ein Jahr Gemüseruhe, Gemüsekrankheiten im Boden werden dadurch zurückgedrängt.

Ringelblumen, Basilikum, Neuseeländer Spinat, Knoblauch und Kapuzinerkresse unter Stabtomaten

NEUSEELÄNDER SPINAT

Nicht frosthart, aber robust und bei ausreichend Wasser hitzeresistent, ist er im Sommer super als Spinatersatz geeignet. Die jungen Blätter schmecken auch roh.

REIHENMISCHKULTUR FÜR EXPERIMENTIERFREUDIGE

Auf diesem großen Musterbeet finden Sie 12 Gemüsereihen mit jeweils 50 cm Abstand, die Spinat-Reihen nicht gezählt. Bei einem Reihenabstand von 50 cm kann man gemütlich arbeiten. 40 cm reichen fürs Gemüse auch, für den Gärtner kanns aber eng werden.

Die Reihen wandern jedes Jahr 25 bis 30 cm weiter, so dass die Gemüsereihen im nächsten Jahr auf den ehemaligen Spinatreihen wachsen. Es ist optimal, wenn Sie zum jährlichen Ausmessen feste Punkte wie Zaunpfähle, Bank, Baum oder Ähnliches haben. Hier zunächst noch einige allgemeine Tipps, ehe Sie auf den nächsten Seiten die Arbeitsanleitungen für die einzelnen Gemüsereihen finden.

Der Garten ruft Die ersten Bienen fliegen in die geöffneten Krokusse, endlich wieder T-Shirt-Wetter. Ich sause in meinen Gemüsegarten und markiere alle 50 cm meine Spinat-Reihen mit Stöckchen. Dort harke ich Mulch und Erntereste zur Seite. Wenn der Boden trocken und warm genug ist und der Wetterbericht längerfristig Wärme ansagt, ziehe ich meine Aussaatrinnen und säe Spinat oder Gartenmelde. Auch Schnittsalat eignet sich – vor allen Dingen dort, wo später Mangold oder Rote Bete nebenan kommen.
Dazu brauche ich meinen Plan.

Der Plan Ich gehe gleich mal durch, was ich im März noch alles aussäen kann. Das ist einiges, aber ich beeile mich nicht – im April ist auch noch Zeit. Lange, kräftige Kälteeinbrüche bremsen die Märzaussaaten sowieso aus oder vernichten sie sogar ganz. Kompost für die Starkzehrer kann ich aber auf jeden Fall schon ausbringen, dazu ziehe ich den Mulch zur Seite. Danach säe ich eine Gründüngung in den Kompost oder ziehe den Mulch wieder drüber. Einigen Starkzehrern gebe ich den Kompost auch bei der Pflanzung mit ins Loch.

Die Spinat-Reihen Ich säe sie im März oder Anfang April. Sobald der Spinat in Blüte geht, hacke ich ihn ab und lasse ihn liegen. Jetzt sind die Spinat-Reihen meine Tritt-, Dünge-, Mulch- und Gießreihen. Über den Sommer sind sie immer dick mit Mulch bedeckt, damit sich darunter viel Humus bilden kann, denn im nächsten Jahr steht Gemüse auf der Spinat-Reihe. Ich bringe grobe Erntereste, den Rasenschnitt vom Nachbarn und viel anderes Futter fürs Bodenleben dort unter. Beim Gießen wässere ich nicht direkt die Gemüse-Reihen, viel besser ist das Gießen in den Mulchweg hinein, damit der Boden nicht so leidet. Die Spinat-Reihen werden zum Teil im Beetplan durch Schnittsalat ersetzt, wenn daneben dieselbe Pflanzenfamilie wachsen soll. Es können alternativ ebenso Schnittsalat oder Puffbohnen gesät werden – je nach Nachbarschaft.

Reihenteilung Da wir von manchen Gemüsearten nicht viel brauchen, teile ich die Reihen gern. 1 m Rucola, 1 m Radies, 1 m Herbstrüben …
Sie können im folgenden Plan vieles durch andere Gemüsearten ersetzen. Achten Sie dabei darauf, dass die Pflanzenfamilien nur alle 4 Jahre auf einer Stelle stehen (siehe Seite 43). Das ist auch in der Mischkultur wichtig.

Herbstarbeiten Wenn Reihen früh leer werden, säe ich noch eine Gründüngung ein, ansonsten decke ich sie mit Herbstlaub ab. Mit der Grabgabel lockere ich nur, wenn der Boden sehr fest ist. Das wird von Jahr zu Jahr seltener notwendig.

1. Möhre und Lauch schützen sich hier gegenseitig vor Schädlingen. Noch besser funktioniert es, wenn sie eng an eng in einer Reihe wachsen.

2. Salat schützt in Mischkulturen den Kohlrabi vor Erdflöhen.

1

2

BUNTER REIHENPLAN

Auf nahrhaften, lockeren, humusreichen Gartenböden reicht den Starkzehrern hier eine dicke Schicht Flächenkompost, aber wer hat, kann im Frühling guten Kompost ausfahren.

Reihe 1: Blumenkohl-Sellerie-Fenchel Mitte April pflanze ich frühen Blumenkohl mit einem Abstand von 80 cm, auch früher Kopfkohl und Kohlrabi eignen sich. Mitte Mai pflanze ich in die Lücken jeweils einen Knollensellerie. Wenn ich den Blumenkohl etwa Mitte Juli ernte, pflanze ich stattdessen jeweils einen Knollenfenchel. Knollensellerie und Knollenfenchel ernte ich vor dem ersten starken Frost.

Spinat

Reihe 2: Frühsalat-Lauch-Sommerportulak Ich säe Anfang April frühe Sorten von Eis-, Kopf- oder Pflücksalat im Abstand von 30 cm, immer einige Samen im Tuff. Später bleibt nur die stärkste Pflanze stehen, ich entnehme aber auch Jungpflanzen für andere Reihen. Ab Mitte Mai pflanze ich Winterlauch 'Blaugrüner Winter' im Abstand von 30 cm immer genau zwischen die Salate. Wenn ich die Salate geerntet habe, häufele ich den Lauch an und säe breitwürfig Sommerportulak zum Lauch.

Spinat

Reihe 3: Gurke-Basilikum-Feldsalat Im März säe ich breitwürfig Gelbsenf aus, den ich Mitte Mai wieder abhacke. Wenn er nach dem Hacken etwas abgetrocknet ist, ziehe ich ihn zur Seite, pflanze alle 40 cm eine Basilikumpflanze und säe in die Mitte dazwischen jeweils 3 Gurkensamen im Tuff. Wenn die Gurken ab August allmählich unterm Mehltau zusammenbrechen, säe ich breitwürfig Feldsalat oder Phacelia für die Winterernte dazwischen.

Schnittsalat anstelle von Spinat

Reihe 4: Rote Bete-Koriander-Dill-Mangold Ende April säe ich in einem Teil der Reihe bunten Mangold, im Rest der Reihe Rote Bete, Dill und Koriander aus, wobei ich von Dill oder Koriander nur etwa alle 10 cm einen Samen lege. Sie dürfen mit ihren zarten Blättern etwas Schatten machen, sollen aber die Rote Bete nicht verdrängen. Diese vereinzele ich nach der Keimung etwas, lasse sie aber trotzdem zu dicht wachsen, denn später ernte ich einige Rote Beten schon in Tischtennisballgröße (Baby Beets). Der Rest der Knollen darf groß werden, damit ich sie gut lagern kann.

Schnittsalat

Reihe 5: Bohne-Bohnenkraut-Feldsalat Im März säe ich breitwürfig Gelbsenf, den ich Mitte Mai abhacke. Ab Mitte Mai säe ich Buschbohnen (Sorte 'Maxi') in Horsten. Nach jedem vierten Horst lasse ich 15 cm zu viel Platz und säe dort einjähriges Bohnenkraut, markiert mit einem Stöckchen, damit die winzigen Sämlinge nicht untergehen. Die Bohnen schneide ich entweder nach der ersten Ernte ab und säe 2 Reihen Feldsalat für die Herbsternte, oder ich warte die zweite Ernte ab und säe danach Feldsalat für die Frühlingsernte. Da Bohnen in Versuchen gemeinsam mit Salaten mehr Ertrag brachten, wächst nebenan auch Salat.

Spinat

Reihe 6: Kohlrabi-Salat-Rettich-Radies & Co Mitte April bepflanze ich diese Reihe mit frühem Kohlrabi im Wechsel mit frühem Kopf- und Eissalat im Abstand von 25 cm. Bei Bedarf stopfe ich hier und da statt Kohlrabi, Rettich oder Radies zwischen die Salate oder säe Kresse oder Rucola dazwischen, oft in Doppelreihe. Wo ich ernte, pflanze oder säe ich wieder etwas in die Lücken, so dass das ganze Jahr über Salate und kleine Kreuzblütler in buntem Wechsel wachsen. Oft dürfen die Jungpflanzen schon wachsen, bevor die nebenstehenden Pflanzen abgeerntet sind. Die Salate schützen die Kreuzblütler vor Kohlerdflöhen. Im Sommer brauche ich

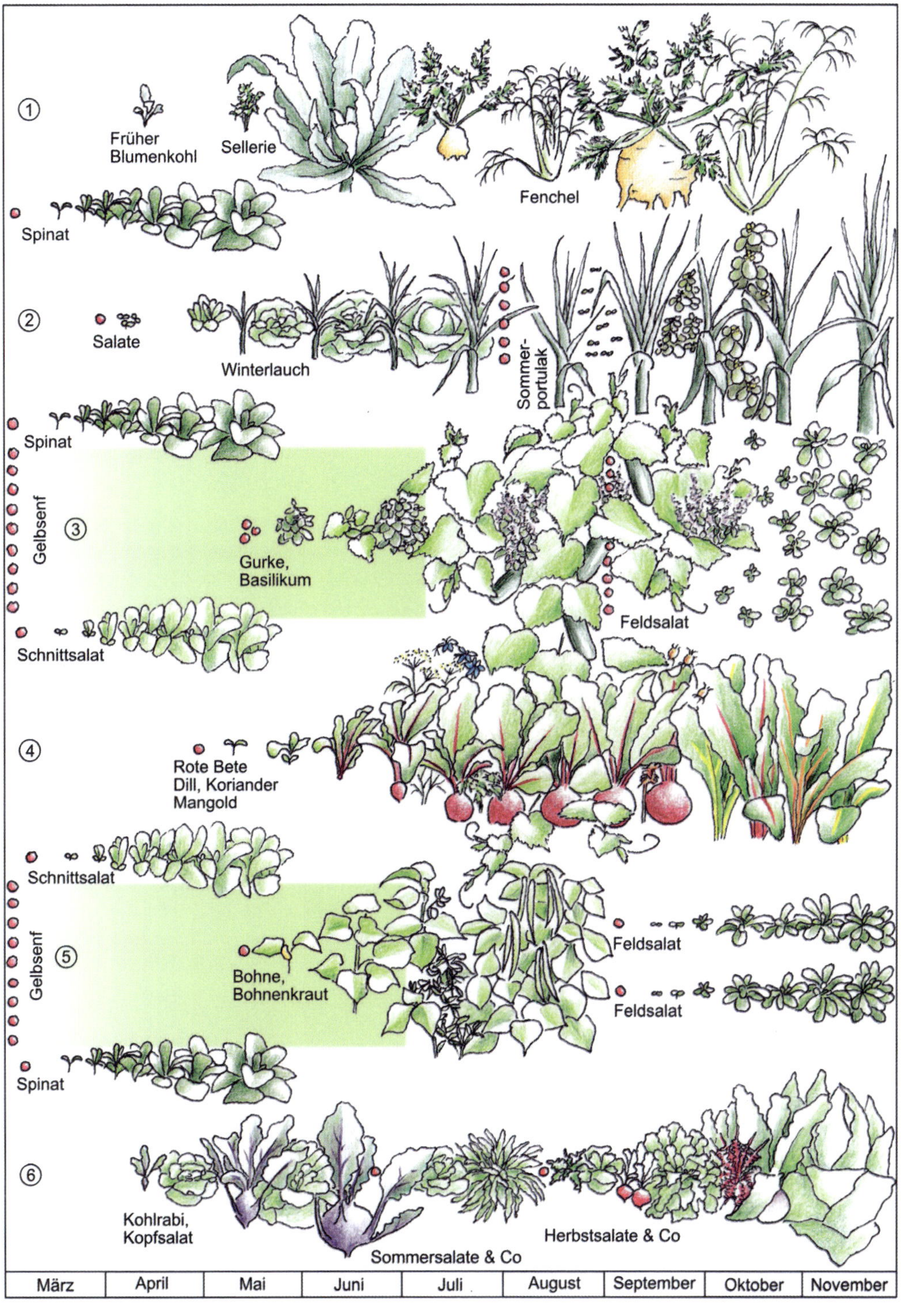
①
Früher Blumenkohl
Sellerie
Fenchel
Spinat
②
Salate
Winterlauch
Sommerportulak
Spinat
Gelbsenf
③
Gurke, Basilikum
Feldsalat
Schnittsalat
④
Rote Bete
Dill, Koriander
Mangold
Schnittsalat
Gelbsenf
⑤
Bohne, Bohnenkraut
Feldsalat
Feldsalat
Spinat
⑥
Kohlrabi, Kopfsalat
Sommersalate & Co
Herbstsalate & Co
März
April
Mai
Juni
Juli
August
September
Oktober
November

schossfeste Sommersorten, ab August kommen Herbstsalate wie Winterendivien, Zuckerhut, Mizuna, Abessinischer Kohl, Cima di Rapa, Pak Choi, Rucola oder Herbstrüben und Schnittkohl dazwischen. Endivien brachten übrigens gemeinsam mit Rucola in Versuchen Mehrerträge.

Spinat

Reihe 7: Möhre-Knoblauch-Dill-Schwarzkümmel-Pastinake Ich teile die Reihe in 3 Teile. Ende März säe ich in einen Teil Pastinaken mit etwas Schwarzkümmel, Mitte April in den zweiten Teil frühe Möhren und stecke alle 20 cm eine Knoblauchzehe dazwischen. Beides ist im Sommer gleichzeitig erntereif, danach kommt in diesen Teil der Reihe eine Doppelreihe Herbstspinat. Im dritten und größten Teil der Reihe säe ich bis Ende April Lagermöhren ('Rothild') mit etwas Dill. Der Dill fördert den Aufgang der Möhrensamen. Ich ernte ihn, sobald er die Möhren überwächst. In eventuelle Lücken der Möhren-Reihe pflanze ich Mitte Mai Majoran gegen die Möhrenfliegen. Die Lagermöhren ernte ich vor dem ersten starken Frost, die Pastinaken dürfen über Winter im Boden bleiben. Möhren brachten in Versuchen gemeinsam mit Salaten höhere Erträge.

Spinat

Reihe 8: Schalotte-Zwiebel-Kamille Im März/April teile ich die Reihe und stecke in die eine Hälfte Schalotten mit 20 cm Abstand, in die andere Hälfte im April Steckzwiebeln mit 8 cm Abstand und säe ein wenig Kamille dazwischen. Zwiebeln und Schalotten ernte ich, wenn das Zwiebellaub zum größten Teil abgestorben ist, dann dürfen Zucchini und Kürbis aus Reihe 9 herüberwuchern.

Spinat

Reihe 9: Zuckermais-Zucchini-Kürbis Ab März/April säe ich eine Doppelreihe (Reihenabstand 20 cm) Mairüben, Schnittsalat, Radies, Rettich und Rucola in bunter Mischung. Um den 8. Mai mache ich die Saatstellen für den Zuckermais frei und lege im Abstand von 1 m jeweils 3 Körner mit etwas Abstand in einen Tuff. Mitte Mai ernte ich die Pflanzstellen für Zucchinis und Kürbisse frei und pflanze jeweils eine Zucchinipflanze genau zwischen 2 Maistuffs oder einen Kürbis auf 3 Maiszwischenräume. Ab September säe ich breitflächig oder in Reihen Winterportulak oder Feldsalat über die 8., 9. und 10. Reihe, einfach zwischen alles, was noch steht.

Spinat

Reihe 10: Erbse Ab Anfang April säe ich Zuckererbsen oder Markerbsen aus. Ich wähle eine niedrige bis mittelhohe Sorte und stütze sie mit Stöcken. Sie wachsen gerne neben Rucola und Salat und brachten in Versuchen gemeinsam Mehrerträge. Nach der Erbsenernte dürfen Kürbisse und Zucchinis aus Reihe 9 hier überwuchern.

Spinat

Reihe 11: Kohlarten-Stangensellerie-Kräuter Ab März säe ich Gelbsenf, den ich Mitte Mai wieder abhacke. Ab Mitte Mai pflanze ich Kohlarten wie spätes Weißkraut, Rotkohl, Wirsing, Brokkoli, Rosenkohl und Grünkohl, immer im Abstand von 60 cm. Hier und da ersetze ich einen Kohl durch 2 Stangensellerie, die 30 cm Abstand brauchen. Sie halten dem Kohl die Schädlinge fern. Zur Kohl-Reihe säe ich Kräuter wie Ringelblumen, Tagetes, Borretsch, Kapuzinerkresse und Kerbel. Sie sollen dem Kohl den Platz nicht streitig machen, dürfen aber drumherum blühen. Tagetes und Ringelblume wirken gegen wandernde Wurzelnematoden. Borretsch und Kapuzinerkresse wehren Kohlschädlinge und Schnecken ab, der Kerbel hält Schnecken, Ameisen und Läuse fern. Die Kohlpflanzen wuchsen in Versuchen neben Erbsen und Salaten besonders gut und brachten Mehrerträge.

Spinat

Reihe 12: Salate-Schwarzwurzel-Schnittzichorie Ab April dreiteile ich die Reihe und säe in den ersten Teil Schwarzwurzeln, in den zweiten Pflücksalate und in den dritten Schnittzichorien. Wenn die Pflücksalate geerntet sind, pflanze ich stattdessen Eissalate und Bataviasalate, ab Mitte August sind Winterendivien und Zuckerhut möglich.

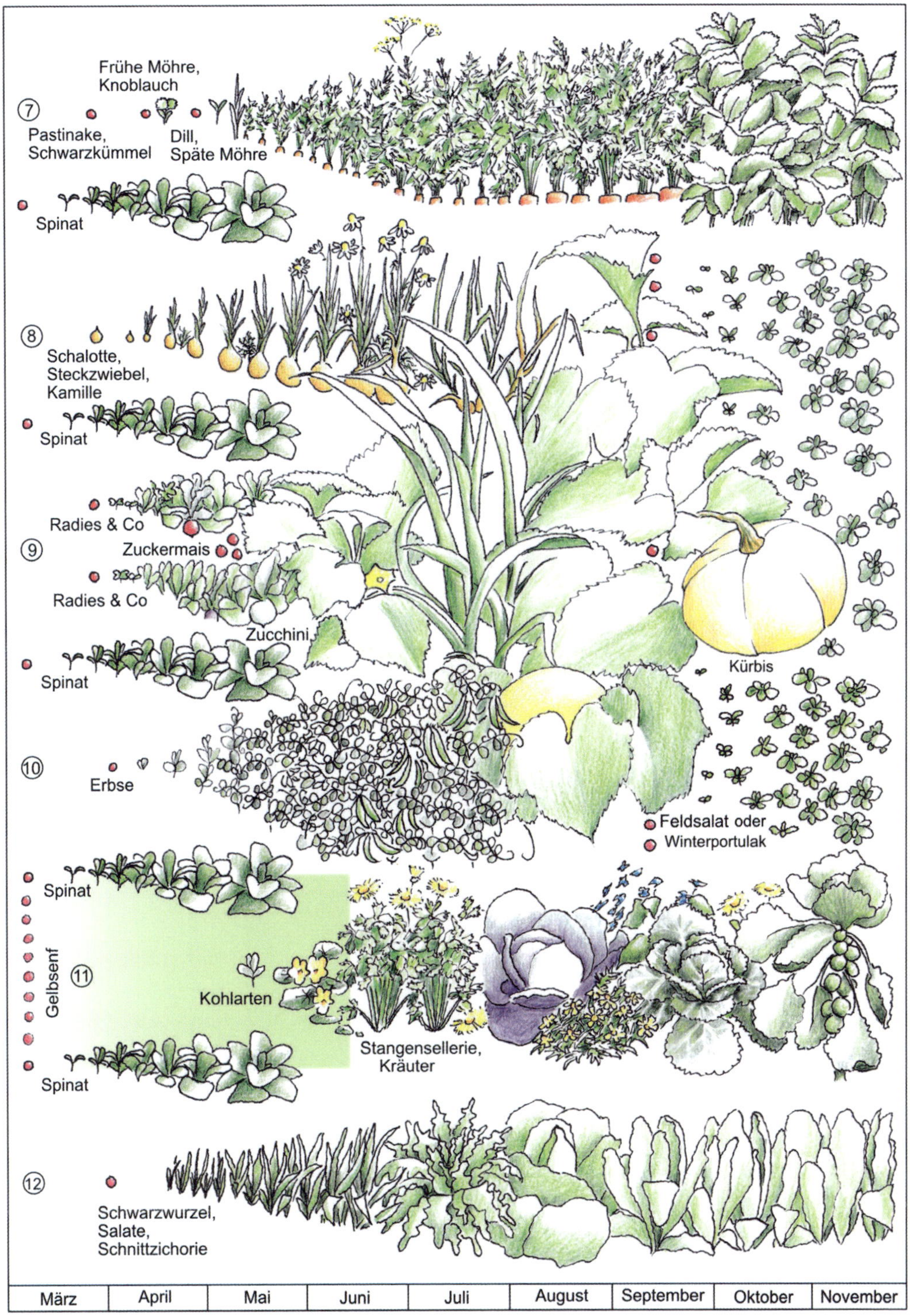
Frühe Möhre,
Knoblauch
7
Pastinake,
Schwarzkümmel
Dill,
Späte Möhre
Spinat
8
Schalotte,
Steckzwiebel,
Kamille
Spinat
Radies & Co
9
Zuckermais
Radies & Co
Zucchini
Spinat
Kürbis
10
Erbse
Feldsalat oder
Winterportulak
Spinat
Gelbsenf
11
Kohlarten
Stangensellerie,
Kräuter
Spinat
12
Schwarzwurzel,
Salate,
Schnittzichorie
März
April
Mai
Juni
Juli
August
September
Oktober
November

HILFREICHES ZUR PLANUNG

Auf einen Blick finden Sie hier die im Buch beschriebenen Pflanzen mit Nährstoff- und Platzbedarf, den Aussaat- und Pflanztermin sowie die Erntezeit. Ebenfalls sind Pflanzenfamilien aufgeführt, mit folgenden Abkürzungen:

B = Baldriangewächse, D = Doldenblütler, E = Eiskrautgewächse, F = Fuchsschwanz- und Gänsefußgewächse, H = Hahnenfußgewächse, Ka = Kapuzinerkressengewächse, Ko = Korbblütler, Kr = Kreuzblütler, Kü = Kürbisgewächse, Leg = Leguminosen (Schmetterlingsblütler), Li = Lippenblütler, M = Malvengewächse, N = Nachtschattengewächse, P = Portulakgewächse, Q = Quellkrautgewächse, Rau = Raublattgewächse, Ro = Rosengewächse, S = Süßgräser, W = Wegerichgewächse, Z = Zwiebelgewächse.

Der Nährstoffbedarf ist mit dem Buchstaben x gekennzeichnet: x = wenig, xxxx = sehr viel

Gemüseart	Nährstoff-bedarf	Platzbedarf in cm	Aussaattermine	Pflanztermine	Ernte
Abessinischer Kohl, Kr	xx	2–5 x 25	April und August	–	Mai und Sept./Okt.
Asiasalate, Kr	xx	10 x 30	März/April und August/Sept.	–	April/Mai und Sept. bis Dez.
Basilikum, Li	xx	25 x 30	–	ab Mitte Mai	Juni bis Mi. Okt.
Blumenkohl (frühe Sorten), Kr	xxxx	50 x 50	–	ab Mitte April	Juli
Blumenkohl (Sommersorten), Kr	xxxx	60 x 60	–	Mai bis Juni	Juli/Aug.
Blumenkohl (Herbstsorten), Kr	xxxx	60 x 60	–	Mitte Juni bis Ende Juli	Sept./ Okt.
Bohnenkraut, Li	x	25 x 25	Mitte Mai bis Ende Juli	–	Mitte Juli bis Mitte Okt.
Borretsch, Rau	xxx	25 x 30	April bis Juni	–	Juni bis Okt.
Brokkoli, Kr	xxxx	50 x 50	–	Mitte April bis Ende Juli	Juni bis Nov.
Buschbohne, Leg	x	8 x 40	Mitte Mai bis Mitte Juli	–	Juli bis Sept.
Chicorée, Ko	x	10 x 40	Mitte bis Ende Mai	–	Febr. bis April
Chinakohl, Kr	xxxx	40 x 50	Mitte Juli	–	Sept. bis Nov.
Cima di Rapa, Kr	x	15 x 20	Mitte August	–	Sept./Okt.

Gemüseart	Nährstoff-bedarf	Platzbedarf in cm	Aussaattermine	Pflanztermine	Ernte
Dill, D	x	10 x 25	April bis Juli	-	Mai bis Okt.
Erdbeere, Ro	xxx	30 x 60	-	August	Juni/Juli
Feldsalat, B	x	7 x 15	März und Ende Juli bis Sept.	-	Sept. bis Mai
Gartenmelde, F	xx	20 x 30	März bis Mai	-	April bis Juli
Gemüsemalve, M	xx	25 x 25	März bis August	-	Mitte Juni bis Okt.
Grünkohl, Kr	xxx	50 x 50	-	Mai bis Mitte Juli	Sept. bis März
Gurke, Kü	xxx	30 x 120	Mitte Mai bis Mitte Juni	-	Juli bis Sept.
Haferwurzel, D	xx	10 x 30	April	-	Okt. bis Febr.
Herbstrübe, Kr	xx	10 x 30	Juli bis Mitte Aug.	-	Sept. bis Nov.
Hirschhornwegerich, W	x	15 x 15	April bis August	-	ganzjährig
Kamille, D	x	3 x 15	April bis Mai	-	Juni bis Sept.
Kapuzinerkresse, Ka	xx	30 x 35 bis 50 x 120	Mitte Mai	Mitte Mai	Juli bis Okt.
Kartoffel, N	xxx	30 x 75	-	Mitte April bis Anfang Mai	Juli/ Aug.
Kerbel, D	x	15 x 20	März bis Sept.	-	April bis Nov.
Knoblauch, Z	xx	10 x 30	-	Mitte März bis Mitte April	Aug.
Knollensellerie, D	xxx	40 x 40	-	Mitte Mai	Mitte Okt.
Knollenfenchel, D	xxx	30 x 30	-	(ab Mitte Mai) oder Ende Juli/Anfang Aug.	(ab Aug.) oder Okt.
Kohlrabi (normal), Kr	xxx	25 x 30	-	Mitte April bis Mitte Aug.	Juni bis Nov.
Kohlrabi (Riesensorten), Kr	xxx	40 x 40	-	Mai/Juni	Sept./Okt.
Koriander, D	x	12 x 25	April/Mai	-	Ende Juli/Aug.
Kresse, Kr	x	1 x 10	März bis Sept.	-	April bis Nov.
Kürbis, Kü	xxx	100 x 120 bis 200 x 200	-	Mitte Mai	Mitte Okt.
Lauch (Herbst), Z	xxx	20 x 30	-	April/Mai	Sept. bis Nov.
Lauch (Winter), Z	xxx	20 x 30	-	Mai bis Juli	Sept. bis April

Gemüseart	Nährstoff-bedarf	Platzbedarf in cm	Aussaattermine	Pflanztermine	Ernte
Mairübe, Kr	xx	10 x 25	März/April und Juli/August	-	Mai/Juni und Sept./Okt.
Majoran, Li	xx	20 x 20	-	Mitte Mai	Juni bis Sept.
Mangold, F	xx	25 x 40	Mitte April bis Mitte Juli	-	Juni bis Nov.
Möhre (früh), D	x	2-3 x 30	Mitte April bis Ende Juni	-	Juli bis Okt.
Möhre (spät), D	x	3-4 x 30	Mitte April bis Anfang Mai	-	Okt./Nov.
Neuseeländer Spinat, E	xx	60 x 80	-	Mitte Mai	Juli bis Okt.
Pak Choi, Kr	xx	im März 2 x 10, im Juli 20 x 30	Ende März und Juli bis Anfang August	-	Anfang Mai nur Baby Leafs und Sept. bis Nov.
Palmkohl, Kr	xxx	30 x 40	-	Mitte Mai	Juli bis Okt.
Pastinake, D	x	15 x 30	März bis Mitte April	-	Okt. bis April
Petersilie, D	x	20 x 30	-	April bis Juli	Juni bis Nov.
Puffbohne, Leg	x	15 x 50	Ende Febr. bis April	-	Juni bis Aug.
Radieschen, Kr	x	3 x 15	April bis Sept.	-	Mai bis Okt.
Rettich (früh), Kr	xx	10 x 25	April/Mai	-	Juni/Juli
Rettich (Sommer), Kr	xx	20 x 25	Mai/Juni	-	Juni bis Sept.
Rettich (Winter), Kr	xx	20 x 25	Juli bis Mitte Aug.	-	Okt.
Rettich (Daikon), Kr	xxx	30 x 30	Ende April bis Juli	-	Juli bis Okt.
Ringelblume, Ko	x	20 x 20	März bis Juni	-	Juni bis Okt.
Romanesco, Kr	xxx	40 x 50	-	Juni/Juli	Aug. bis Okt.
Rosenkohl (spät), Kr	xxxx	50 x 60	-	Mai/Juni	Okt. bis März
Rote Bete, F	xx	8 x 30	Mitte April bis Ende Juni	-	Juli bis Okt.
Rote Bete (Baby Beets), F	xx	4 x 12	Mitte April bis Mitte Juli	-	Juni bis Sept.
Rotkohl (früh), Kr	xxx	40 x 50	-	Mitte April	Juli
Rotkohl (spät), Kr	xxx	50 x 60	-	Mai/Juni	Sept. bis Nov.
Rucola, Kr	x	2 x 25	März bis Anfang Sept.	-	April bis Okt.

Gemüseart	Nährstoff-bedarf	Platzbedarf in cm	Aussaattermine	Pflanztermine	Ernte
Salate, Ko	xx	1 x 20 bis 40 x 40	März bis Sept.	April bis Aug.	April bis Nov.
Schalotte, Z	x	15 x 30	-	März/April	Juli/Aug.
Schnittknoblauch, Z	x	20 x 30	-	April	März bis Nov.
Schnittkohl, Kr	-	-	März/April und Sept.	-	April bis Juni und Okt. bis März
Schnittlauch, Z	x	20 x 30	-	April	April bis Okt.
Schnittsellerie, D	xx	25 x 25	-	Mitte Mai	Juni bis Dez.
Schnittzichorie, Ko	x	10 x 25	April bis Juli	-	Mai bis Mai
Schwarzkümmel, H	x	1 x 20	März/April	-	Sept.
Schwarzwurzel, Ko	xx	10 x 30	April	-	Okt. bis März
Sommerportulak	xx	15 x 20	Mitte Mai bis Mitte Aug.	-	Juni bis Okt.
Spinat, F	xxx	2-5 x 25	März bis Sept.	-	ganzjährig
Stangenbohne, Leg	xx	10 x 100	Mitte Mai bis Ende Juni	-	Juli bis Okt.
Stangensellerie, D	xxx	25 x 30	-	Mitte Mai bis Mitte Juli	Aug. bis Okt.
Steckrübe, Kr	x	40 x 50	Mai/Juni	Juli bis Anfang Aug.	Aug. bis Nov.
Tagetes (klein), Ko	xxx	20 x20	-	Mitte Mai	-
Tomate, N	xxx	60 x 70	-	Mitte Mai	Juli bis Mitte Okt.
Weißkohl (früh), Kr	xxx	40 x 40	-	Mitte April	Juni
Weißkohl (spät), Kr	xxxx	50 x 60	-	Mai bis Mitte Juni	Sept./Okt.
Winterportulak, Q	x	1 x 15	Aug. bis Sept.	-	Okt. bis April
Wirsing (Lagersorte), Kr	xxx	50 x 50	-	April/Mai	Sept./Okt.
Wurzelpetersilie, D	x	7 x 30	März/April	-	Okt. bis März
Yacon, Ko	xxx	80 x 100	-	Mitte Mai	Okt.
Zucchini, Kü	xxx	80 x 120	-	Mitte Mai bis Ende Juli	Juni bis Okt.
Zuckererbse, Leg	x	4-5 x 30	April/Mai	-	Juni bis Aug.
Zuckermais, S	xxx	20 x 60	Mitte Mai	-	Aug./Sept
Zwiebel (Steckzwiebel), Z	xx	3-5 x 25	-	April	Juli/Aug.

REGISTER

Fette Seitenzahlen verweisen auf Abbildungen.

BILDNACHWEIS

Mit 80 Farbfotos von: **Flora Press** (28): /Ute Klaphake S. 2, /Buiten-Beeld S. 3 o, /Daniela Kunze S. 3 uli, /Otmar Diez S. 3 ure, /Alexandre Petzold S. 7 o, /Derek St. Romaine S. 7 u, /Alexandre Petzold S. 12 mi, /Otmar Diez S. 20, /Alexandre Petzold S. 29, /Daniela Kunze S. 31, 33 re, /FocusOnGarden/Sibylle Pietrek S. 33 li, /Meyer-Rebentisch S. 37, /Derek Harris S. 39 li, /Helga Noack S. 41 li, /Alexandre Petzold S. 41 o, /Flora Press S. 41 re, /FocusOnGarden/Sibylle Pietrek S. 62, /BIOSPHOTO/Serge Lapouge S. 64, /GWI 67 u, /Daniela Kunze S. 68, /Ulrike Schmidt S. 73 li, /Christine Ann Föll S. 74 o, /Digitalice Images S. 74 u, /Meyer-Rebentisch S. 76, /Martin Hughes-Jones S. 79 li, /Evi Pelzer S. 83 u, / BIOSPHOTO/NouN S. 83 o; **GAP Photos** (2): /Thomas Alamy S. 65 beide; **Ortrud Grieb** (35): S. 11, 13 ure, 13 ore, 15 re, 17 alle drei, 18 alle fünf, 19 alle drei, 23, 25 re, 27, 30, 34, 36, 39 re, 45 beide, 60 beide, 63 beide, 67 o, 70, 73 re, 75, 77, 78, 81; **mauritius images** (2): /Alamy, Maggie Sully S. 8, /Alamy, Michiel Vaartjes S. 9; **shutterstock** (10): /Illonajalll S. 10, /images72 S. 12 li, /tamu1500 S. 14 li, /Artazum 25 li, /ElenVik S. 26, /johan kusuma S. 28, /traction S. 69, /Groeventhal S. 71 ore, /Heike Rau S. 71 ure, /RaspberryStudio S. 79 re; **stock.adobe.com** (2): /Jenny S. 15 li, /orestligetka S. 71 mire; **Friedrich Strauß Gartenbildagentur** (1): /Friedrich Strauß S. 4;

Mit 35 Illustrationen von **Ortrud Grieb**: S. 24, 27, 29, 31, 32, 35, 37, 38, 40, 42, 47, 49, 51, 52 beide, 53 alle vier, 54, 55, 56, 57 alle drei, 66, 69, 71, 72, 75, 77, 79, 80, 85, 87;
Weiteres von **stock.adobe.com** (1): annarepp S. 14 re;

IMPRESSUM

Umschlag: Claudia Eder – Konzept und Gestaltung – Pocking unter Verwendung von 8 Farbabbildungen von: shutterstock/Kalinin Ilya (Umschlagvorderseite, vordere Innenklappe), /Irene kitty (Umschlagrückseite, Tomaten), /Graphic toons (Umschlagrückseite, Basilikum); Almuth Grieb (Umschlagklappe hinten, außen); shutterstock/johan kusuma (Umschlaginnenseite vorne, oben); Flora Press/Alexandre Petzold Umschlaginnenseite vorne, unten) sowie einer Illustration von Ortrud Grieb.

Gedruckt auf chlorfrei gebleichtem Papier

ISBN 978-3-440-18253-6
Projektleitung: Birgit Grimm
Redaktion und Bildredaktion: Birgit Grimm
Gestaltungskonzept: GRAMISCI Editorialdesign/Cornelia Sekulin
Gestaltung und Satz: Claudia Adam Graphik-Design, Bad Kreuznach
Produktion: Klaus Jost
Druck & Bindung: Westermann Druck Zwickau GmbH, Zwickau
Printed in Germany / Imprime en Allemagne

FSC
www.fsc.org
MIX
Papier | Fördert gute Waldnutzung
FSC® C110508

Gute Nachbarn — schlechte Nachbarn

PFLANZEN	GUTE NACHBARN	SCHLECHTE NACHBARN
Asiasalate, Pak Choi	Feldsalat, Knoblauch, Lauch, Salate, Sellerie, Zwiebel	Kohlarten, Kohlrabi, Kresse, Radieschen, Rettich, Rucola
Basilikum	Fenchel, Gurke, Tomate, Zucchini	—
Blumenkohl, Brokkoli	Buschbohne, Dill, Erbse, Fenchel, Klee, Phacelia, Puffbohne, Ringelblume, Salat, Sellerie, Tomate	Kohlarten
Bohnenkraut	**Bohne,** Mangold, Rote Bete, Salate	—
Borretsch	Bohne, Erbse, Gurke, Kartoffel, Kohlarten, Salate, Tomate	—
Buschbohne	Borretsch, Bohnenkraut, Dill, Erdbeere, Gurke, Kartoffel, Kohl, Kohlrabi, Mangold, Mais, Radieschen, Rettich, Rote Bete, Salate, Sellerie, Spinat, Tomate, Zucchini	Stangenbohne, Zwiebelgewächse
Chicorée, Radicchio	Bohne, Fenchel, Salat, Möhre, Pastinake, Rote Bete, Tomate, Zwiebel	—
Chinakohl	Bohne, Erbse, Gartenmelde, Kohlrabi, Möhre, Salate, Spinat	Kartoffel, Kohlarten, Lauch, Mangold, Radieschen, Rettich
Dill	Bohne, Erbse, Gurke, Kohlarten, Salate, Möhre, Radieschen, Rote Bete, Zucchini, Zwiebel	Knoblauch, Petersilie
Endivie	Bohne, Erdbeere, Fenchel, Kohlarten, Lauch, Möhre, Radieschen, Rettich, Rucola, Spinat, Tomate	Chicorée, Radicchio
Erbse	Dill, Fenchel, Gurke, Kohlrabi, Kohlarten, Mais, Möhre, Pastinake, Radieschen, Rettich, Rote Bete, Salat, Sellerie, Spinat, Zucchini	Bohne, Kartoffel, Paprika, Tomate, Zwiebelgewächse
Erdbeere	Borretsch, Buschbohne, Feldsalat, Gartenmelde, Knoblauch, Kresse, Lauch, Möhre, Ringelblume, Rote Bete, Salat, Speiserübe, Spinat, Tagetes, Zwiebel	Kohlarten
Feldsalat	Bohne, Endivie, Erdbeere, Kohlarten, Kohlrabi, Lauch, Radieschen, Ringelblume, Spinat, Zwiebel	—
Fenchel	Basilikum, Chicorée, Endivie, Feldsalat, Gurke, Radicchio, Salat, Sellerie, Zuckerhut	Bohne, Koriander, Puffbohne, Tomate
Gemüsemalve	Kartoffel, Kräuter	—
Gartenmelde	Endivie, Erdbeere, Feldsalat, Gurke, Kohlarten, Kürbis, Pastinake, Radieschen, Rettich, Winterportulak	Kartoffel, Mangold, Rote Bete, Spinat
Gurke	Basilikum, Bohne, Dill, Erbse, Fenchel, Knoblauch, Kohlarten, Koriander, Lauch, Mais, Paprika, Puffbohne, Rote Bete, Salate, Sellerie, Spinat, Zwiebel	Kartoffel, Kürbis, Radieschen, Zucchini
Kamille	Bohne, Erbse, Kartoffeln, Kohlarten, Salat, Sellerie, Spinat, Tomate, Zucchini, Zwiebel	—
Kapuzinerkresse	Kohlarten, Stangenbohne, Tomate	—